南怀瑾 讲述
南怀瑾文教基金会 编

南怀瑾
讲中国老话

内养篇

人民东方出版传媒
People's Oriental Publishing & Media
东方出版社
The Oriental Press

图书在版编目（CIP）数据

南怀瑾讲中国老话 / 南怀瑾讲述；南怀瑾文教基金会编 . — 北京：东方出版社，2024.1

ISBN 978-7-5207-3434-9

Ⅰ.①南…　Ⅱ.①南…②南…　Ⅲ.①南怀瑾（1918-2012）—语录　Ⅳ.①B261

中国国家版本馆 CIP 数据核字（2023）第 079701 号

南怀瑾讲中国老话
（NANHUAIJIN JIANG ZHONGGUOLAOHUA）

- -

作　　者：南怀瑾

编　　者：南怀瑾文教基金会

责任编辑：刘天骥　张莉娟

责任审校：孟昭勤

出　　版：东方出版社

发　　行：人民东方出版传媒有限公司

地　　址：北京市东城区朝阳门内大街 166 号

邮　　编：100010

印　　刷：北京明恒达印务有限公司

版　　次：2024 年 1 月第 1 版

印　　次：2025 年 3 月第 6 次印刷

开　　本：787 毫米 ×1092 毫米　1/32

印　　张：15.375

字　　数：150 千字

书　　号：ISBN 978-7-5207-3434-9

定　　价：96.00 元（全二册）

发行电话：（010）85924663　85924644　85924641

- -

目 录

德行之本

学习之窍

躬行之要

内养篇

安
心
之
道

中国人的十六字心传

——人心惟危，道心惟微，惟精惟一，允执厥中

中国圣人之道就是"内圣外王"之道的心传。历史上有根据的记载，是在《尚书·大禹谟》上，其中有帝舜传给大禹的十六个字："人心惟危，道心惟微，惟精惟一，允执厥中。"在一两千年之后，到了唐宋的阶段，就有所谓的"传心法要"；这是佛学进入中国之前的一千多年，儒道两家还没有分开时的思想。当时圣人之所以为圣人，就是因为得道；那时所谓道的中心，就是"心法"。

这十六字的心传，含义非常广泛。我国的文字，

在古代非常简练，一个字一个音就是一个句子，代表了一个观念。外国文字，则往往是用好几个音拼成一个字或一个辞句，表达一个观念。这只是语言、文字的表达方式不同，而不是好坏优劣的差异。

中国古代人读书，八岁开始读书识字，这样叫作"小学"，就是认字。例如"人"字，古文中怎样写？为什么要这样写？代表什么观念？如何读音？有时候，一个字代表了几种观念，也有几种不同的读音。所以中国的文字，任何学者、文豪，能认识二三千字以上的，已经是不得了啦！普通认得一两千字就够用了。外国文字则不然，每一新的事物，创造一音、形皆不同的新字，所以现在外文的单字，以数十万计。过去"小学"的基本功课，是先认识单字的内涵，其中有所谓"六书"的意义。什么叫六书呢？就是"象形、指事、形声、会意、转注、假借"，这六种是中国传统文字内涵的重点。现在读书，已经不先研读"小学"六书了，不从文字所代表的思想、观念的含义打基础，对于小学的教学，完全不再下基本功夫了。

"人心惟危"的"惟"字，在这里是一个介词，它的作用，只是把"人心"与"危"上下两个词连接起来，而本身这个"惟"字，并不含其他意义。例如我们平时说话："青的嗯……山脉"，这个拖长的"嗯……"并不具意义。至于下面的"危"字，是"危险"的意思，也有"正"的意思，如常说的"正襟危坐"的"危"，意思就是端正。而危险与端正，看起来好像相反，其实是一样的，端端正正地站在高处，是相当危险的。也因为如此，外国人认起中国字来，会觉得麻烦，但真正依六书的方法，以"小学"功夫去研究中国字的人，越研究越有趣。如上一代章太炎这类的大师们，就具备了这种基础功夫，钻进去就不肯退出来。现代人写的文章，不通的很多，连多音字都不懂，都用错了。

《尚书》里说"人心惟危"，就是说人的心思变化多端，往往恶念多于善念，非常可怕。那么如何把恶念变成善念，把邪念转成正念，把坏的念头转成好的念头呢？怎么样使"人心"变成"道心"呢？这一步学问的功夫是很微妙的，一般人很难自我反省观察清楚。如果能够观察清楚，就是圣贤学问之道，也就是真正够得上人之所以为人之道。所以道家称这种人为真人，《庄子》里经常用到真人这个名词；换言之，未得道的人，只是一个人的空架子而已。

人心转过来就是"道心"。"道心"又是什么样子呢？"道心惟微"，微妙得很，看不见，摸不着，无形象，在在处处都是。舜传给大禹修养道心的方法，就是"惟精惟一"，只有专精。舜所说的这个心法，一直流传下来，但并不像现在人说的要打坐，或佛家说修戒、定、慧，以及道家说炼气、炼丹修道那个样子。

什么叫作"惟精惟一"？发挥起来就够多了。古人为了解释这几个字，就有十几万字的一本著作。简单说来，就是专一，也就是佛家所说的"制心一处，无事不办"或"一心不乱"，乃至所说的戒、定、慧。这些都是专一来的，也都是修养的基本功夫。

后来道家常用"精""一"两个字，不带宗教的色彩。"精"、"一"就是修道的境界，把自己的思想、情感这种"人心"，转化为"道心"；达到了精一的极点时，就可以体会到"道心"是什么，也就是天人合一之道。而这个"天"，是指形而上的本体与形而下的万有本能。

得了道以后，不能没有"用"。倘使得了道，只是两腿一盘，坐在那里打坐，纹风不动，那就是"惟坐惟腿"了。所以得道以后，还要起用，能够做人做事，而在做人做事上，就要"允执厥中"，取其中道。怎么样才算是"中道"呢？就是不着空不着有。这是一个大问题，在这里无法详细说明，只能做一个初步的简略介绍。

中国流传的道统文化，就是这十六字心传，尧传给舜，舜传给禹。后世所说的，尧、舜、禹、汤、文、武、周公、孔子，一直到孔子的学生曾子、孔子的孙子子思，再到孟子，都是走这个道统的路线。以后讲思想学说，也都是这一方面。但不要忘记，这个道统路线，与世界其他各国民族文化是不同的。中国道统，是人道与形而上的天道合一，叫作天人合一，是入世与出世的合一，政教的合一，不能分开。出世是内圣之道，入世是外用，能正心、诚意、修身、齐家、治国、平天下，有具体的事功贡献于社会人类，这就是圣人之用。所以上古的圣人伏羲、神农、黄帝，都是我们中华民族的共祖，他们一路下来，都是走的"内圣外王"之道。

——《孟子旁通（中）》（尽心篇）

中国读书人的立志
——为天地立心，为生民立命

中国的读书人，尤其现在像学国学——国学是什么？刚才我说过是中国文化，中国文化是个大宝库，包括那么多内涵，不是孔子、孟子就能代表的，谁也不能完全代表，因为内容太丰富了。

既然研究中国文化，每一位同学你要有思想准备，做学问要准备凄凉寂寞一辈子，至少像我一样地凄凉。不过你们看我现在很不凄凉，很舒服，其实我负担很重啊，搞这个地方心里的负担更痛苦。所以你准备寂寞凄凉，不想做官，不想出名，安贫乐道，才能做学问。

那么，你第一个要学宋儒了，我常常引用，宋朝的大学问家张载（横渠），宋朝有名的五大儒之一，陕西人。他年轻出来的时候，到西北去当兵，找谁呢？找范仲淹，范仲淹在西北做大元帅，在边疆防守西夏很多年了，他是江苏吴县人，老元帅了，你看范仲淹守西北的诗："将军白发征夫泪"，西北当时的敌人是大夏国。他守在那儿，多年没有战争，是因为他在那里。可是他的痛苦呢？"将军白发征夫泪"啊！张横渠来找他，范仲淹一看，你来干什么啊？他说我想当兵。范仲淹看了看说，过来，我俩谈谈。范仲淹也许赏识人才，所以他看张横渠，年轻聪慧，是有前途的，何必来当兵呢？

那么张横渠问了："那你要我干什么呢？""去，回去读书。"范仲淹就抽了一本《中庸》给他看，也许还送他两个路费吧。张横渠后来变成大儒，所以他的名言，你听，读书的目的，做个学者为了什么？"为天地立心，为生民立命，为往圣继绝学，为万世开太平。"读书，知识分子的目的是这个。尤其你们今天是国学院，研究中国文化全体的东西，应该是以这个精神来读书的。

——《漫谈中国文化》

天地间的第一等人

——人到无求品自高

古人说"求于人者畏于人"，所以我常常说笑话，告诉年轻同学，过去我没有钱的时候，向朋友借钱，我有个哲学的。我一进门，不要讲什么客气话，也不坐下来，直接对朋友说我今天来借钱的，有没有？他说有，拿给我以后，再见了，下一次再跟他谈，今天没有时间；如果他说没有，再见了！不要多心，没有关系，我另找别的朋友去。这不是很痛快嘛！因为你一坐下来，你好啊！请坐啊！泡茶啊！最后你再借钱啊！开不了口；万一开了口，对方告诉你他今天没有钱，他也难过，两个人很伤感情。你们去向人家借过钱的，一定有这个经验，等你坐下来东谈西谈，结果肚子还饿着，开不了口。然后请你吃饭，不要，不要，我还有约会，实际上要去借钱，好痛苦啊！这就是"求于人者畏于人"，不管什么人，你只要求人就怕人。譬如你们有些同学来，老师啊！有没有空啊？那个很恭敬的样子，就让我想到这句话，就为了有问题想问我，就怕了我了，这个何苦嘛！所以古人说"人到无求品自高"，一个人到了处世无求于人，就是天地间第一等人，这个人品就高了嘛！由此你也懂一个哲学，一个商业的原则，做生意顾客至上，做老板的总归是倒霉，做老板的永远是求人啊！要求你口袋里的钱到我口袋里来，那个多难啊！然后讲我这个东西怎么好，那个态度多好多诚恳，叫作和气生财。这个道理就是求于人者就畏于人。

——《列子臆说》

有了智慧，福就来了
——福至心灵

俗语说"福至心灵"，表面上看起来这句话是没有出息的话，是靠运气，实际上是智慧的道理，心灵就是智慧，心境灵敏，智慧运用无方，自然福气就来了。把文字倒过来说，就是"心灵福至"了。

——《列子臆说》

什么叫贵，什么叫贱，什么叫运气好，什么叫运气不好，重点就在那一个"位"上，当位就好。

譬如玻璃工厂做烟灰缸，一次做了一千个，一千个烟灰缸统统一样。这中间有一个被太监买去给皇帝用，而且皇帝还很喜欢它，摆到皇帝的御书桌上。大家看皇帝很喜欢，谁也不敢去碰，认为价钱一定很贵。另外一个烟灰缸被人买去，摆到公共厕所里边用，连小偷也不会去多看一眼。它的用处完全一样，它的位置完全不同，因此就分出了贵贱。所以，世界上没有一样东西是绝对地贵、绝对地贱，贵贱是由于它存在的位置不同，当位不当位而已。当位就对，不当位就不对。所以有一句通俗的话说"福至心灵"，这个人福气好，他到了那个位子，自然就聪明了。

——《易经系传别讲》

什么是"中"？
——人平不语，水平不流

什么叫"中"？如果我们做知识的研究就很多了，如"中庸"就讲中道，在物理世界，讲一个茶杯的中心点，那是假定的。一个人站在房子的中间，说他是中，那是对四周而言；实际上还是边，因为在某一边看是中，在另一边看，他是站在左边或右边，或前边或后边，所以还是边。没有绝对中的。这是物理上的中，思想上的中更难确定了。自己脑子能够想的，停留在中，这个中在什么地方？力量均衡了就是中，拿一支筷子来说，不要以为筷子两端间的中心点就是中，筷子两端的粗细不同，重量不一样，将一支筷子搁在手指上，使筷子保持水平，两边均衡了，这筷子与手指的接触点，才是中。所以在思想上可以持平的才谓之中。因此中是一个抽象的名称。也可以说是一个实际的东西，如太极拳每一个动作都有一个中心，这就是圆的道理，也就是太极的道理。并不如后世的解释中庸为滑头，而是要懂得持平的中心点。这个学问研究起来太难了，并且涉及人格的修养，所以我们做人处世要持平，真能做到平，则一个人平了就没有话讲，水平不流、人平不语。不平则鸣，一不平就乱起来了。为政的道理在持平，可是求平很难，所以中国人讲究天下太平，太平实在难求。"平"就是"中"的道理，个人修养，做人处世也如此。

——《论语别裁》

道在哪里？

——百姓日用而不知

　　天下这个道在哪里？套用西方的宗教家说的：上帝在什么地方？上帝无所在、无所不在。拿佛家来讲，就是如来"无所从来，亦无所去"。佛就在这里，在你的心中，不在外面。在道家来讲，道即是心，心即是道。不过这个心，不是我们人心的心，也不是思想这个心。这个心必须思想都宁静了，无喜也无悲、无善也无恶、无是也无非，寂然不动的那个心之体，那就是道。

　　道到了我们人的身上，"百姓日用而不知"。百姓是古代对一般人的总称，拿现代语来解释，可以说就是人类。拿人的立场来讲，百姓代表人类，拿佛家讲，那更扩大了！一切众生、一切生命的存在，它本身就是一种道的作用。"百姓日用而不知"，我们天天用到这个道，可是你却不知道这个道。人是怎么会思想的？怎么会走路的？怎么会吃饭的？怎么晓得有烦恼？有痛苦？当妈妈没有生我们以前，我究竟在哪里？假设我现在死了，要到哪里去？先有鸡呀先有蛋？先有男的先有女的？整个问题都在这里，这都是道的分化。可是道在哪里呢？道是不可知不可见的。在用上能见其体，在体上不能见其用，一归到"体"，"用"就宁静了。

所以，孔子说我们的生命在用中，我们天天在用道，而自己却见不到"道"。"百姓日用而不知，故君子之道鲜矣！"因为道太近了，道在哪里？就在你那里！不在上帝那里、不在佛那里、不在菩萨那里、不在老师那里，就在你那里，在你的心中。心在哪里？不是这个心，也不是这个脑子，你在哪里就是在哪里。可是人不懂，"故君子之道鲜矣！"因此，孔子那个时候的报告就说：得道的人太少了。为什么呢？因为想要懂，但没有这个智慧。

——《易经系传别讲》

无可言说的心境修养

——如人饮水，冷暖自知

佛经上告诉我们静坐的方法，开始像一杯水一样，这一杯水是浑浊的，慢慢自己感觉到了，不静坐还好，一静坐以后，思想杂念反而特别多。有人问佛，佛说这是当然，一杯水摆在那里，看不到泥渣，等到慢慢澄清的时候，就看到灰尘泥渣；慢慢澄清久了，灰尘泥渣都沉到底了，然后倒掉这些泥渣，水完全变清了。那是释迦牟尼佛在印度讲的，庄子的时间当然比他后一点，但那时中印文化还没有交流。庄子讲出这个方法，"平者，水停之盛也，其可以为法也"，要人们效法水平，止水澄波，心境慢慢地修养，道德就充实了。他这个说法，与释迦牟尼所说却是相同的。

"内保之而外不荡也。"内在的心境，永远保持这个境界，而不受外界的影响。外面的境界不管如何，骂你也好，恭维你也好，乃至看到得意失意也好，此心水平不流。如果说，打坐时或者做得到，做事的时候就做不到了，那不算数。要能够入世，要能够做事，喜怒哀乐都有，而自己那个心境的修养，等于一杯清水摆在那里，没有动过。所以有这种修养，可以出世，也可以入世，从外形上是没有办法了解的。玄奘法师有八个字说明，"如人饮水，冷暖自知"。

——《庄子諵譁》

中国人的祸福观
——祸兮福之所倚，福兮祸之所伏

"祸兮福之所倚，福兮祸之所伏"，有时候你发了财，很得意，这是好运气了；但是因为你发了财，好运气，会出别的不好的事情。有时候你说我现在很倒霉，到处都吃瘪，算不定好运气在后头，所以祸福是相倚伏的。总而言之，正心、诚意、修身为本。

——《列子臆说》

宇宙间的事没有绝对的，而且根据时间、空间换位，随时都在变，都在反对，只是我们的古人，对于反面的东西不大肯讲，少数智慧高的人都知而不言。只有老子提出来："祸兮福之所倚，福兮祸之所伏。"福祸没有绝对的，这虽然是中国文化一个很高深的慧学修养，但也导致中华民族一个很坏的结果（这也是正反的相对）。因为把人生的道理彻底看通，也就不想动了。所以我提醒一些年轻人对于《易经》、唯识学这些东西不要深入。我告诉他们，学通了这些东西，对于人生就不要看了。万一要学，只可学成半吊子，千万不要学通，学到半吊子的程度，那就趣味无穷，而且觉得自己很伟大，自以为懂得很多。如果学通了，就没有味道了。（一笑）

——《老子他说（初续合集）》

一阴一阳之谓道
——孤阳不生，孤阴不长

宇宙之间任何东西，都是一阴一阳。譬如有个男的，一定有个女的，"之谓道"——这个道是个法则。有一个正面，就有反面。宇宙间万事万物不可能只有正面或只有反面的。明末清初有个大文豪，与郑板桥齐名的李渔。他说世界本来是个活的舞台，几千年来，唱戏的只有两个人：一个男的，一个女的。这句话实在不错。几千年来，这个世界舞台上，历史就是剧本，演员只有两个人：一个男人，一个女人。

修道的人有句名言："孤阳不生，孤阴不长。"单阴独阳是不能有成就的，必须要阴阳配合。不过，这句话被后世外道的人所盗用，认为修道要一阴一阳，要男女如何如何才可成道。那是胡说，靠不住的，不要上当。但是宇宙间的法则的确如此，一阴一阳，缺一不可。如果我们拿政治哲学来讲，民主政治就是一阴一阳。有你的一派，就有我的一派，这是必然的。如果清一色那就不好玩了。试想，如果人人声音一样、面孔一样、思想一样、动作一样，没有男的也没有女的，大家一个面孔、一个方式，你说这个世界有什么好玩？我想大家活不过三天就厌烦了！因为人形形色色，又要吵架、又要吃醋、又要捣乱，一天到晚都有事情做。人天生就是这么一回事，懂了这个，也就懂了"一阴一阳之谓道"。

——《易经系传别讲》

万事有因必有果
——天道好还

万事有因必有果，有失必有得，得与失，成功与失败，这个里边有"还报"的道理，就是回转来的道理，也就是老子说的"天道好还"。什么叫好还？你付出了些什么，就回转来些什么；你怎么对人，回来的是什么就知道了。你说这个人对自己不好，大概自己付出的也就是这个样子吧！天道好还，本来就是如此。所以一切应该求之于己，反求诸己而已！

——《易经系传别讲》

天下人人皆爱财，如何才是求财的正道？

——小富由勤，大富由命

孔子认为富是不可以去乱求的，是求不到的，假使真的求得来，就是替人拿马鞭，跟在后头跑，所谓拍马屁，乃至教我干什么都干。假使求不到，那么对不住，什么都不来。"从吾所好"。孔子好的是什么？就是下面说的道德仁义。真的富贵不可求吗？孔子这话有问题。中国人的老话："小富由勤，大富由命。"发小财、能节省、勤劳、肯去做，没有不富的；既懒惰，又不节省，永远富不了。大富大到什么程度很难说，但大富的确由命。我们从生活中体会，发财有时候也很容易；但当没钱时一块钱都难，所以中国人说一分钱逼死英雄汉，古人的诗说："美人买笑千金易，壮士穷途一饭难。"在穷的时候，真的一碗饭的问题都难解决。但到了饱得吃不下去的时候，每餐饭都有三几处应酬，那又太容易。也就是说，小富由勤，大富由命，但命又是什么东西？这又谈到形而上去了，暂时把它摆着。

现在孔子所谓的求，不是努力去做的意思，而是想办法，如果是违反原则去求来的，是不可以的。所以他的话中便有"可求"和"不可求"两个正反的道理，"可"与"不可"是对人生道德价值而言。如富可以不择手段去求得来，这个富就很难看，很没有道理，所以孔子说这样的富假使可以去求的话，我早去求了。

但是天下事有可为，也有不可为，有的应该做，也有的不应该做，这中间大有问题。如"不可求"，我认为不可以做的，则富不富没有关系。因为富贵只

是生活的形态，不是人生的目的，我还是从我所好，
走我自己的路。

——《论语别裁》

生命有病是什么道理？
——好死不如恶生

　　人的生命本来就是个病态的生命，宇宙万有现象也是个病态的万有现象。从文学艺术角度看，这个世界多美丽啊！红花绿叶描写得或画得多美。你写好了画好了就病了，你累了嘛！累就是病。我们不把累当作病，它就是病因。生命就是这么个生灭现象，非常疲倦。你反省一下，在人生路途中，不管你什么年纪，你随时感觉到很疲倦。也许你们诸大菩萨不感觉到，我这个凡夫随时都感觉到很疲倦。有时同学劝我多休息，我不是身体的疲倦啊！是心里疲倦，尤其和你们在一起，好疲倦。

　　生命有病是什么道理？维摩居士回答，他说，一切从痴所生。痴就是有情，佛经翻译众生为有情众生。我过去在大学教书，很多年轻人来问我爱情哲学，什么是情、爱、欲？我说，这三个字不管怎么分类都是混蛋，总而言之都是荷尔蒙在作怪。当荷尔蒙升华了，没有欲念了，就成了爱，爱再化掉了，就成了情。情就是痴的根本，情加浓一点就是爱。情像葡萄酒，蛮好喝但是很醉人。爱就不同了，像白兰地。欲像高粱酒或伏特加。都是酒，醉人的，是各种痴。生命就是痴来的。前面讲的那位刚过世老同学，他在临走之前还跟照顾他的朋友说，不用担心，我还有十二年好活。自以为有定力很有把握，结果连这个都不知道，还说中阴有把握，都是吹牛。中国人老话说，好死不如赖活，病到宁可拖着一个破烂的身体，仍留恋得不得了，也不愿意爽快地走。为什么？痴啊！

　　今天下午还有个老朋友，都八十岁了，我跟他说现在可以放下了，他说就还有这一件事，等搞好了就放下了。我说，从古到今哪一个人真把事情都弄好才走的？他说，是啊！我也懂啊！我说，你懂就现在放下。他说，唉！这……等这一点弄好了就可以了。这就是痴！很难了的。你能够把痴了了，就差不多了。一切都在痴中，你以为白痴叫痴啊？越聪明的人越痴！那个李商隐的诗："春蚕到死丝方尽，蜡炬成灰泪始干。"实际上春蚕到死丝还不尽，还给人去做衣服了！又如清诗，"多情自古空余恨，好梦由来最易醒。"多情不见得讲男女之情，就是痴的表现，坏梦不容易醒，好梦想多做一会儿。后来我有位女学生，把第二句改成"好梦由来不愿醒"，改得真好！

——《维摩诘的花雨满天》

世上有一种病永远医不好
——药医不死病，佛度有缘人

我的医生朋友很多，中医也有，西医也有。我常对他们讲，天下医生都没医好过病，如医药真能医好病，人就死不了。药只是帮助人恢复生命的功能。有一位医生朋友，在德国学西医，中医也很懂。我介绍一位贫血的同学去就医，这个医生朋友说什么药都不要用，要这病人多吃点肉，多吃点饭。他说世界上哪里有药会补血的？除非直接注射血液进去，一百西西注射进去，吸收几十西西就够了，其余变成渣滓浪费了。西医说打补血针是补血的，中医说吃当归是补血的。补血的药只不过是刺激本身造血的功能，使它恢复作用。与其打补血针，还不如多吃两块肉，吸收以后，就变成血了。所以中国人有句老话："药医不死病，佛度有缘人。"所以用药医好的病，能够不死是命不该死。有一个病始终医不好的，这个病就是死病，这是什么药都没有办法的。所以我和医生朋友们说，小病请你看，生了大病不要来，你们真的医不好。这就是说生命真是有一个莫名其妙的功能，作战时在战场上就可以看到，有的人被子弹贯穿了胸腹，已经流血，但在他并不知道自己已受伤时，还可以冲锋奔跑，等他一发觉了，就会立刻倒下去。等于我们做事时，如果在紧张繁忙之中手被割破，并不会感觉到痛，但一发觉了，立即就感到痛，这种精神的、心理的作用很大。

——《论语别裁》

中国人如何看待生与死？
——生者寄也，死者归也

世界各国对于生死问题，人类有一个共同的目的——离苦得乐。不但人类，凡是世界上的生物，都是希望脱离痛苦而得到快乐。但是人类同一切生命得到快乐没有？没有得到，因为生了一定有死，这个问题没有解决。在宗教文化里，把生死问题当成一个宗教。研究宗教哲学，每个宗教都承认死后还有生命，不过每个宗教都在为观光旅馆拉人。耶稣开的观光旅馆叫"天堂"，请人到天堂里来，招待周到，一切设备完全，价廉物美。佛教开了一个"西方极乐世界"，不过佛教本钱大，开的家数多，下地狱有地藏王菩萨在等着；既不上天亦不下地狱的，再生又有救苦救难观世音菩萨；万一向东方去，又有东方药师如来；它四面八方都准备好了，这个生意做得特别大。但不管如何，生死还是问题。而我们的文化，《论语》里记载子路曾经问起过，孔子答复得很简单："未知生，焉知死。"所以人类的文化到今天不管发达到如何程度，生死问题仍没有解决。中国人也有个结论，所谓"生者寄也"，活在世界上，像住旅馆一样，活一百岁，不过暂住一百年，没有什么可怕，活到最后一天，真正地退休了，移交都不必办。这个现象在中国来讲，就是"原始反终"。生命来了像早晨一样都起来了，死了像到晚上，都休息了，如同他的开始，回去了又是回到那个地方，死没有什么可怕。以《易》来说，我们生下来就同乾卦一样，一爻代表十年，六十年作阶段，六爻一变，成为坤卦，坤再变又是阳爻开始，阳极阴生，阴极又阳生，那么死了又有什么可怕？在学理来讲，对于生死问题，我们中国的文化最伟大了，不必要宗教的那一套。

——《易经杂说》

浮生若梦

——天地者万物之逆旅，光阴者百代之过客

　　青年同学应该读过一篇有名的古文，叫作《春夜宴桃李园序》，其中有一句"天地者万物之逆旅，光阴者百代之过客"，也是《庄子》这里来的。就是道家说的，整个宇宙是万物的旅馆，也是我们的大旅馆；几千年光阴，去年、今年、明年，百代之过客，过了就算了。过了去年，今年已经不是去年，去年过了永远不回来；明年不是今年，更不是去年，如流水一样，前一个浪头过去了，永远不回的，所以江水东流，一去不回头，永远不回来。光阴者百代

之过客，只在旅馆里经过一番而已。这篇文章是非常有名的，是李白作的，也是道家的思想；道家跟佛家就是这个道理。所以庄子说，"予恶乎知恶死之非弱丧"，一般人对自己生命看得非常重要，怕死！"而不知归者邪！"而不晓得这只是回去而已。但是这样看起来，庄子是劝我们早一点死吗？不然！我们晓得中国历史上许多忠臣，譬如有名的文天祥，"视死如归"，看死好像回去一样，这是我们文化上最有名的四个字，都是受道家的影响，所以能够为忠臣，为孝子。再看历史上多少忠臣，乃至战争打败了，死的时候身上满是刀伤，还是站在那里不倒。清兵入关的时候，明朝几位将领，战败了以后，尸体站着不倒，等这些清军的将领发现，马上叫人点香，点蜡烛，恭敬他是前朝的忠臣；因为清军将领也受中国文化的影响，就跪下来一拜，尸体才倒下去。

——《庄子諵譁》

人世间的一切都不牢靠

——积聚皆消散，崇高必堕落

　　"积聚皆消散，崇高必堕落，合会终别离，有命咸归死。"能积聚拢来，必定会有散开；到了最高处，必定要掉下来；有相会就有别离；有活着的生命，自然有归宿的一天，这是必然的道理。所以"生者寄也，死者归也"。生命的本性动一动，自然就有静一静的道理。"古者谓之遁天之刑"，他说，人啊，对于生死看不开，违反自然，在庄子的观念这是逃避天刑。人有生必有死，有合会终有别离，就是这个道理。

——《庄子諵譁》

世界所有的学问，有一个问题最重要

——死生莫大焉

"佛为一大事因缘出现于世"，中国的佛法，禅宗一句话结论，释迦牟尼佛是为了一件大事，出现在这个世界上。在禅宗讲是个话头，他为了什么大事来啊？

我们拿中国文化批注你就懂了，中国道家庄子告诉你"死生亦大矣"。世界所有的学问，其中有个问题最大，就是生与死。生命怎么来的？就是研究生死问题，这是佛法的精神。英国的大物理学家霍金，前两天来中国，也是讲这个问题，我们怎么活到这个世界？人类究竟从哪里来？生从哪里来，死向哪里去？他说：世界是无始的。这句话本来是西洋哲学家亚里士多德讲的，中国人就信了；其实释迦牟尼佛早就讲过了，比他早很多年。

可是几千年来东西方文化，到现在为止，究竟人从哪里来的？宗教家、哲学家、科学家都在追求，还没有结论。人为什么生来又会死掉，为什么会老会病，又会有那么多痛苦烦恼？释迦牟尼佛出来就是为了解决这个问题。庄子说"死生亦大矣"，生死问题，这是个话头。

——《禅与生命的认知初讲》

人生最难得是平安

——百年三万六千日，不在愁中即病中

　　我们看到孔子一天到晚忧世忧民，活得好苦。古人有说："百年三万六千日，不在愁中即病中。"一个人即使活到一百岁，不是忧愁就是病痛。这个人生未免太惨了。通常人的寿命是六七十岁，但计算一下：十五岁以前不懂事，不能算；最后的十五年，老朽不堪，眼看不见，耳听不见，也不能算；中间三四十年，一半在睡觉，又不能算。余下来的日子不过十五年左右，这十五年中，三餐吃饭、大小便又花去许多时间，真正不过活了几年而已。这几年如果真

正快乐还好，倘使"不在愁中即病中"，那么在人生哲学上，这笔账算下来，人活着等于零，够悲惨的！如果家事、国事、天下事，事事关心，就简直活不下去。尤其像孔子，看得见的，忧国、忧家、忧天下；看不见的，还忧德之不修，学之不讲，闻义不能徙，不善不能改。他既要忧，还要管，如果这样算起来，孔子这一生痛苦得很，实在受不了。果真如此，所谓圣人者，只是一个多愁善感的人而已。慢着！我们且看下面说到他如何面对这种忧患一生的平日生活情况。

子之燕居。申申如也，夭夭如也。这里燕居的"燕"与"晏"相通，在文学上也叫"平居"，就是在家的日常生活，这里说孔子平常在家的生活"申申如也"，很舒展，不是皱起眉头一天到晚在忧愁。他修养好得很，非常爽朗、舒展，"夭夭如也"，而且活泼愉快。所以尽管忧国忧民，他还是能保持爽朗的胸襟，活泼的心情，能够自己挺拔于尘俗之中，是多么的可爱。但是他乐的是人生的平淡，知足无忧，愁的不是为己，为天下苍生。

——《论语别裁》

十多年来，我给人写信，最后的祝福语都是写"恭祝平安"。人生最难得是平安，人生平安就是福气。古人说："百年三万六千日，不在愁中即病中"，人的一生，不是烦恼愁苦就是生病，今天感冒，明天腿痛抽筋，都在生病。所以平安最难，永远保持平安前进是最困难的，真能保持平安，才能保持长久。

——《老子他说（初续合集）》

天下事没有一个"必然"

——不如意事常八九，可与人言无二三

　　天下事没有一个"必然"的，所谓我希望要做到怎样怎样，而事实往往未必。假使讲文学与哲学合流的境界，中国人有两句名言说："不如意事常八九，可与人言无二三。"人生的事情，十件事常常有八九件都是不如意。而碰到不如意的事情，还无法向人诉苦，对父母、兄弟姐妹、妻子、儿女都无法讲，这都是人生体验来的。又有两句说："十有九输天下事，百无一可意中人。"这也代表个人，十件事九件都失意，一百个人当中，还找不到一个是真正的知己。这

就说明了孔子深通人生的道理，事实上"毋必"，说想必然要做到怎样，世界上几乎没有这种事，所以中国文化的第一部书——《易经》，提出了八卦，阐发变易的道理。天下事随时随地，每一分钟、每一秒钟都在变，宇宙物理在变、万物在变、人也在变；自己的思想在变、感情在变、身心都在变，没有不变的事物。我们想求一个不变、固定的，不可能。孔子深通这个道理，所以他"毋必"，就是能适变、能应变。

——《论语别裁》

中国文化对忧患意识的看法

——人无远虑，必有近忧

　　我们如果讲现代史，那就比研究"二十五史"更为麻烦。现代史必须要从清朝乾嘉时期开始追溯前因。同时又须和西洋的文化史搭配起来研究，由十五世纪以后西方文明的演变，以及十七世纪以来西方文化的航海、工商、科技、政治、经济等等的革命性文明，如何逐渐影响东方和中国。直到现在，东西文化虽还未完全融化结合为一体，但已有整合全体人类文化的趋势，以便迎接未来太空文明的到临。古人说："人无远虑，必有近忧。"为学为政，切不可目光如豆，掉以轻心，只当这些是狂妄幻想的妄语而已！

——《原本大学微言》

中国文化对忧患意识的看法，就是"人无远虑，必有近忧"，两句话讲完啦！这就是忧患的道理。中国文化的人生哲学就是这两句话。若没有长远深入的思考，便会有不虞之事发生，所以人生永远都在忧患之中。谈到忧患，我在《失落的一代》文章中早就讲过，为我们大家算八字，我们都是生于忧患，死于忧患。我们要能把自己埋在泥巴里，像打地基一样，有把自己作基础的精神，后一代才有希望，大楼才能盖得起来。所以我们这一代是奠基础的，是"生于忧患，死于忧患"的八字。

——《易经系传别讲》

德

行

之

本

什么是人生的目的？
——参赞天地之化育

天地有没有缺陷呢？以《易经》看起来，天地是有缺陷的，天地并不圆满。譬如，西方人说天地是上帝造的。实在说起来，上帝也算是粗制滥造。如果把这个世界全部造成白天，连电都不用浪费了，还要发明电灯做什么？它永远下雨嘛，也好呀！我们就可以变成鱼啦！也用不到盖房子、造汽车啦！很多的现象都是一半一半，使人忙死了！又晴天，又雨天，有时还刮台风。我常说笑话，人的眼睛长得不好。如果前边长一只，后边长一只，不是前后都看得见吗？

鼻子也长得不好，吃饭还用牙齿咬。有人说眉毛长得也不好。如果长到手指上，连牙刷也可以省了。这个笑话是说明了天地有缺陷。于是中国文化中提到人文文化的价值，也是孔子曾经讲的一句名言——人生的价值在"参赞天地之化育"。

说到这里，我讲一段亲身经历的故事，这已经是四五十年前的事了。那时候我在四川大学教书，还很年轻。他们请我专题演讲，说讲题是《人生的目的》。我说这个题目不好讲，因为问题本身就是答案，用不到我讲。这个题目已经告诉了大家，人生是以人生为目的，其他的都是后人加上去的。如西方人认为人生是以享乐为目的啦！还有孙中山以为人生以服务为目的啦！其实享受也好、服务也好，都是后人为它加上去的。

什么叫目的呢？像我今天来上课，上课是我的目的；大家从家里走来听课，听课是大家的目的。人从妈妈肚子里生出来，没有一个人会在妈妈肚子里问：我为什么要生出来？我生出来的目的是什么？

没有一个人是问明白了才生出来的。到底人生以什么为目的？我告诉你，大声地告诉你，人生是以人生为目的。这个题目本身就是答案，还有什么好讲的！

如果勉强来说人生以什么为目的，古今中外的说法都是空谈。拿孔子的话来说，人生的目的，我们不能说是人生的目的，应该说是价值才对。

人生的价值是什么？是在"参赞天地之化育"。参赞就是弥补的意思，弥补天地的化育之不足。如天要刮风下雨，人类发明房屋把风雨挡住，可知人生的功能是参赞天地之化育，也就是帮助万物。因此中国文化把天、地、人并称为三才——宇宙间的三才。提到人的价值，在中国文化中把人提得非常高。现在我们听到外国人讲一声人道主义，便跟着人家屁股后面走，我看了真有无限的感慨。这些人真是可怜，忘记了自己的文化。放眼世界今天讲人道主义的，除了我们中国以外，都是乱吹的，都是后生晚辈。大家回头看看我们的《易经》，那才真是人道主义的文化。

——《**易经系传别讲**》

人才就是人才

——蓬生麻中，不扶自直

"自少齐埋于小草"，一粒松树种子从小埋在小草里头，"而今渐却出蓬蒿"，到现在这一棵松树慢慢出头了，不断地上长。"时人不识凌云干"，当时的人不认识这是一棵会同云一样高的树，"直到凌云始道高"，直到松树长成，才发现比阿里山那棵神木还高。所以青年人由此可以安慰自己，但是尤其应该自己努力，要你自己站起来。你自己站不起来，希望人家把你看高，做不到。你站起来了，别人就是踮着脚还看不到你的影子，然后在后面拼命地鼓掌，这个就是社会，这就懂得人生哲学了。所以年轻同学们注意，只有自己站起来，不要求任何人帮忙你。古人说"蓬生麻中，不扶自直"，能够站得起来的，你不必帮助，他自己会站起来；是人才的就是人才，你盖都盖不住的。

——《列子臆说》

己立而立人
——先存诸己，而后存诸人

"古之至人，先存诸己，而后存诸人，所存于己者未定，何暇至于暴人之所行！"这一段完全是对青年人说的人生哲学，是孔子讲的青年人的修养哲学。他说我告诉你，我们中国的传统文化，在上古及中古时代都是要"先存诸己"，先要救自己，所谓己立而立人；对于学佛的人来说，先求自度，然后度人。"所存于己者未定"，你自己都度不了，救自己救不了，怎么能够救人！"何暇至于暴人之所行"，自己病都没有治好，你哪里有空去指责人家，暴露人家的

缺点！所以道家的思想，同佛家儒家都一样，中国
传统文化的人生修养的价值观，在《庄子》这里说了
出来。

——《庄子諵譁》

自己先有问题，别人才乘机而来
——物必自腐而后虫生，人必自侮而后人侮之

　　水果放在那里没有虫的，水果烂时，是从里面
烂起。所以有句古文，是说做人的道理，也是政治
上的大道理："物必自腐而后虫生，人必自侮而后人
侮之。"他说如果自己里头开始烂了，内在的功能不
行了，慢慢才腐朽，水果才会生虫，是物理的自然
反应。做人也好，国家的政治也好，如果自己内部搞
不好，出了问题，别人才乘机而来。所以学医跟政
治的原理常常是连在一起的。其实整个的社会，整

个的国家，还有我们的身体都是同一个道理。

——《小言黄帝内经与生命科学》

美国一个学者问，这个人口问题怎么节制？我说那是你们的理论，人口越来越多，限制不了，这是中国道家的道理。我说你看那个水果，无论是橘子或梨子摆在那里，一条虫也没有，所以说"物必自腐而后虫生"，水果里面开始烂了，外面那些虫越来越多。我们人类就是地球外面的虫，现在人类自己毁灭它，挖矿藏又采挖石油，都快要挖空了，地球内部像水果一样开始烂了，所以人口越来越多。将来这个地球上都是密密麻麻的人，然后就毁坏了。

——《我说参同契》

人生命运的密码
——祸福无门，惟人自召

人生的祸福善恶因果之间，没有另外一个做主的，就是所谓的"无主宰"。我们中国道家的《太上感应篇》，等于是国民道德须知，也是中国古代阐述人伦道德的一本书，成为中华民族人人须知的手册，至少百年来是如此。其中有一句重要的话，"祸福无门，惟人自召"，祸与福是没有主宰的，也不是神祇。不是说吃了供养的猪头他就保佑你，没有供养的话，鬼就找你，那是空话。"祸福无门"，鬼神也做不了你的主，上帝菩萨都做不了你的主，只有人自己的心念，所谓"惟人自召"，是你自己召的。所以我们人生一切的遭遇，严格地反省下来，痛苦、幸福、烦恼等等，都是自己召来的。

——《老子他说（初续合集）》

"吉凶者，贞胜者也。"这里有个原则，不需要迷信，就是中国文化哲学的道理，认为天地间没有绝对的好事，也没有绝对的坏事。好坏事都在于人为，人在于心，所谓"贞胜者也"。贞的意思就是正，心正坏事也不坏了，心不正好事也不会好。所以说"吉凶者，贞胜者也"。讲到这里，想到当年有位朋友，一表人才，相貌堂堂，才华出众，样样都好，就是太风流潇洒了。算命看相，都认为他会官至极品，命相都是第一流的，因此他也很自负。不过后来太过于风流潇洒啦，得了性病，甚至连眉毛也生疮烂掉了，变成了无眉的人。还有什么相？都破坏了，只好上山去了，最后不知所终。这就是我亲眼看到的，我们过去一般的同学谈起这个老兄，都非常怀念，也非常惋惜。他的才华真高，真好，但结果是这样。古人所说中国文化的道理，不是什么菩萨、上帝在保佑你，也不是命中规定了不能变的。我们从小必读的课外读物——道家的《太上感应篇》中就说："祸福无门，惟人自召。"祸福没有一个是命运规定不变的，就是看人自己的作为了。这个道理大家千万要注意。

——《易经系传别讲》

不要在人家看见时才做好事

——有心为善，虽善不赏；无心为恶，虽恶不罚

中国人讲究行善要积阴德。别人看不见的才是阴，表面的就是阳化了。不要在人家看见时才做好事，便是阴德。帮忙人家应该的，做就做了，做了以后，别人问起也不一定要承认。这是我们过去道德的标准，"积阴德于子孙"的概念，因此普遍留存在每个人的心中。

中国专门说鬼狐的小说《聊斋志异》，第一篇《考城隍》，故事是有一个秀才做梦去应考，主考官是关公，一看他的卷子，就录取了。他的卷子里有

两句话："有心为善，虽善不赏。无心为恶，虽恶不罚。"就是说有心去故意做好事，表现给别人看，或表演给鬼神看，虽然是好事，也不该奖赏。又例如有一把刀不好用了，随手丢掉，而不幸伤了人，实在没有存心要伤害他，那么虽然是一件坏事，也不该处罚。全篇文章都是讨论这两个问题。这本讲鬼、讲怪、讲狐狸精的小说，为什么第一篇说这样一个故事？过去中国写小说的人，不是随便下笔的，一套传统的中国文化，道德规范的精神，摆得很严谨。《聊斋·考城隍》这两句话，也就是孔子说"不践迹，亦不入于室"的意思。"有心为善"，做善人故意表示善，就践迹了，是不对的。更有些用"善"的观念把自己捆住了，像信教就信教，一定要表现斋公斋婆或招摇成教徒的样子，便是既"践迹"，又"入于室"。

——《**论语别裁**》

"春联"中的教育智慧

——但留方寸地，传与子孙耕

我们小时候过年，经常给乡下人写春联，"但留方寸地，传与子孙耕"，这就是中国文化的社会教育，教人做好人做好事，心不要坏了。

古人有句诗，"当路莫栽荆棘树"，"当路"是在人生的大路上，少栽一些讨厌的刺人的树；"他年免挂子孙衣"，做人一辈子要心地宽厚，做人不好，后代的子孙受报受罪啊！中国文化讲三世因果，父母、自己、子孙；佛家的文化则讲个人，前生、现在、来生。两个文化合起来，就是十字架，都是讲因果报应。

——《我说参同契》

中国人延续千年的传统

——万般皆下品，唯有读书高

提到教育问题，感慨很多，很多人说现在的教育成了问题。我说中国的教育，三千年来都是问题，也可以说世界上人类的教育问题，本来就存在。为什么呢？三千年来的观念都是重男轻女，为什么重男轻女？男孩将来长大可以光耀门楣，光宗耀祖，因此就望子成龙。而古代望子成龙最好的出路是读书，古人于是说："万般皆下品，唯有读书高"，这是我们几千年来的传统。当然现在不同了，这副对联要改作："万般皆上品，唯有读书低。"这是我个人观察现代化社会的感受。过去"万般皆下品，唯有读书高"，因为所有职业，以做官这个职业最好。"十年窗下无人问，一旦成名天下知。"读书可以做官，做官可以发财，一连串来的，几千年都是这个观念。包括我们大家在内，当年在家开始读书，有没有这种观念作祟？在我个人反省，不能说没有。如果严格讲学问的道理，有了这种观念的成分，就很不纯洁了。到现在，因为西方文化一来，教育制度变了，教育的精神、方法都在变，变了以后如何？看了几十年的情形，据我了解，与以前并没有两样，不过换了一个名称。"生活即教育"，教育就是为了生活，这和我们所讲过去的观念，没有两样。

所以现在大专联考选科系，最好考上医科，将来当医生，不求人。因此教育的目的一直是为了生活，由生活的观念一变，就是为了赚钱。除此以外，说是自己真正为了学问而学问，为了求真理而求学问的，实在很少。并不是每个时代绝对没有这种人，而是太少，这种人往往能影响整个时代的，东西方都是如此。

——《论语别裁》

"诚意"修养的作用
——十目所视，十手所指

讲到"诚意"修养的作用，他举出"诚于中，形于外"的必然律，便接着深入说明"诚中、形外"的严重性，因此才有曾子曰："十目所视，十手所指，其严乎！"类似宗教家的严词，其实恰是科学观的真理。

距今六七十年前，我们读到《大学》这几句话，忽然自觉好笑，便出题要同学们猜，"十目所视"，有几只眼睛在看？"十手所指"，有几个指头在指？答案：五双眼睛，十个指头。这是说笑而已。后来看到佛教寺院里有千手千眼观世音菩萨的塑像，觉得比曾子所说"十目所视，十手所指"更为严重。但当然也会认为那是宗教迷信的图腾。再后来了解到自然科学，对于物理学、光学等有些皮毛知识，才相信人们起心动念的思想作用，甚至善恶念头等等，它在自然界里，也犹如投一颗石子在水里，会发生波动性的动力作用，由一个小小的涟漪开始，逐渐扩散，遍于虚空。而且还可以用光学原理把它录影下来。才知道"十目所视，十手所指"，乃至"千手千眼"的真理所在，并非是托空妄语。

但曾子所说的"十目所视，十手所指，其严乎"，他不一定是宗教性或科学性的说法。孔门儒家学说，素来是主张"天道远，人道迩"，必须先从"人道"做起，立下根基，才可再及于形而上的天人境界。他的重点，是指任何一个人活在"人世间"，你的所作所为，始终脱离不了现实环境，自然而然，就有许多人都在注意你的作为。至少如父母、妻子、朋友，乃至社会上其他人等，都是互相影响，互相

关注的。至于从政，或是在各行各业有所成就、有
了名声地位的人，便更加严重了。

——《原本大学微言》

在德行，不在风水

——一德，二命，三风水，四积阴德，五读书

常常有人问我，有没有风水啊？我说有啊，绝对有道理，但是要懂一个道理。北京的故宫，从辽金元开始，到明清八百年，为了风水，皇宫有九门，哪几年的运气在哪一个门，就开那个门，所以九宫八卦，都是想子孙万代。但是你看看，辽金元明清有五个朝，每一朝代，有时皇帝三年五年就翘辫子了，只有清朝两个皇帝康熙与乾隆，当了六十年皇帝。懂了北京的皇宫你就懂了风水，都是天下第一流看风水的研究了九宫，那还有不好的吗？但是仍然不断

有人上去，有人下来。

懂得风水的道理，你就不要太讲究了，重点在德行，不在风水。所以中国人讲看风水，有"一德，二命，三风水，四积阴功，五读书"这句话。风水在五个成分里头只占一个成分，有什么用啊！不要上当了，第一个条件还是道德的修养。这就是中国文化，你们很多同学要研究风水，但是千万不要迷信。

——《列子臆说》

什么叫神？把宗教外衣统统剥光了，我们东方最高的宗教哲学是"神无方"。神是没有方位的、没有形象的，我们本身生命也好、精神也好，宇宙的生命、宇宙的精神也好，神是没有方位，无所不在，也无所在的。

"易无体"，《易经》是没有固定的方法的。所以你用八八六十四卦来卜你的命运，说你的命不好，你便难过。谁教你不好的？命不好自己可以改造呀！通了《易经》的道理之后，生命、命运统统可以自己

改造，但是如何改造呢？很简单，一德二命三风水
四积阴功五读书。

——《易经系传别讲》

逢凶化吉的密码

——月儿弯弯照九州，几家欢乐几家愁

"辨吉凶者存乎辞。"因此《易经》的卜卦、算命等等，对人生的作用，以及所说的吉凶的道理，是好还是不好呢？《系传》说"辨吉凶者存乎辞"，辞就是你的思想、你的观念。你的观念对了，便一切都对了。孔子说"辞也者，各指其所之"。所以文辞语言，是人类思想的代表。由于这种思想是在我们一念之间生灭，我们心里认为对了，不好的地方便也好了。不对了，我们心里感到很烦忧，那好的地方也不对了，也不好了。我们随时可以从文学的境

界中体会出这些。如唐朝有名的白话诗：

> 月儿弯弯照九洲，
> 几家欢乐几家愁。
> 几家夫妇同罗帐，
> 几个飘流在外头。

月儿弯弯，每个月月初或下旬，月亮都是弯弯的。同样一个弯弯的月亮，可是大家看到后感受却不一样。有人看到弯弯的月亮，心里是那么高兴，那么惬意；有些人看到弯弯的月亮，心里却非常伤感，非常凄凉。其实个人的喜乐，同月亮有什么相干呢？这所谓的"触景生情"，事实上还是自己心里先有了一个观念意识的存在，再由当时的景物引发出来而已。几家夫妇同罗帐，几个飘流在外头。这是唐代的白话诗，同样是一个月亮，但人们心里的思想感触却不相同，就是这个道理。

"辨吉凶者存乎辞。"吉凶表现于文字思想，是一个观念的问题。平时我们用《易经》卜卦的时候，卦的下面往往会有一个忧或者是悔、吝的释语。假设我们做生意，卜卦碰到了忧，一定会很痛苦；碰到了悔吝，一定会有烦恼或阻碍。这些悔、吝绝对无可避免吗？不然。如果你研究《易经》久了，你便会知道，遇到忧、悔、吝的时候，是可以解决的。怎么解决？就是我们平时常说的，要能行得正、行得直，心里没有歪念头、坏主意。纵是遇到烦忧、悔、吝，心里坦荡荡，以平常心处之，那一切也就平安了。

——《易经系传别讲》

人生修为的指标
——水唯能下方成海，山不矜高自及天

　　一个人如要效法自然之道的无私善行，便要做到如水一样至柔之中的至刚、至净、能容、能大的胸襟和器度。

　　水，具有滋养万物生命的德性。它能使万物得它的利益，而不与万物争利。例如古人所说："到江送客棹，出岳润民田。"只要能做到利他的事，就永不推辞地做。但是，它却永远不要占据高位，更不会把持要津。俗话说："人往高处爬，水向低处流。"它在这个永远不平的物质的人世间，宁愿自居下流，

藏垢纳污而包容一切。所以老子形容它，"处众人之所恶，故几于道"，以成大度能容的美德。因此，古人又有拿水形成的海洋和土形成的高山，写了一副对联，作为人生修为的指标："水唯能下方成海，山不矜高自及天。"

——《老子他说（初续合集）》

成大事者，不生傲气，不丢骨气
——水唯能下方成海，山不矜高自及天

俗话说："人向高处走，水向低处流。"流水流到最低处时就是海。"下流"是形容像大海一样，包容万象，包容一切；因为天下一切的细流，清、浊、好、坏都归到大海为止。一个真正泱泱大国的风度，要像大海一样，接受一切，容纳一切，善恶是非都能够融化，这也是做人的道理。如果从人道来讲，只换一个字就行了，"大人者下流"。不是大人要学下流，而是学大海一样地包容一切。

从这里可以看到儒、道两家的思想是一致的。

古人有一副对联"水唯能下方成海，山不矜高自及天"，成为后世做人做事的修养标准，也是口中常念的成语。天下的水，因为能谦下不傲慢，都向下走，低于一切，因此，它能成其大，变成大海，容纳了一切，这是讲谦虚的道理。

人类的文化思想是正反相对的，谦虚只是一面，倘使谦虚到没有骨气的程度，没有自己独立的人格，软到像烂泥一样，那就像普通说的"下三烂"了。人自己要有自我超然独立的人格，但并不是傲慢，要像山一样，独立如山。山永远不矜，"矜"是自我的崇拜，山之所以那么高，因为山没有觉得自己很高，高与不高，是人为的观念比较。山自己本身不认为自己高，因为高山的顶上还有最高的那一点泥巴。爬到高山顶上，你觉得还是站在平地一样，所以山高到与天一样的高，就是比喻我们为人与做事的态度与方法，不能傲慢，要学谦虚，但要建立我们自己的人格，有独立不移、顶天而立地的精神，所以"山不矜高自及天"。

这两句话看起来是矛盾，其实一点都不矛盾，是有两重的意义，这是由"大国者下流"说明的。

——《老子他说（初续合集）》

怎样才够得上作为一个君子？

——平生不做亏心事，夜半敲门鬼不惊

司马牛问君子。子曰：君子不忧不惧。曰：不忧不惧，斯谓之君子矣乎？子曰：内省不疚，夫何忧何惧？他问孔子怎样才够得上作为一个君子。孔子道："不忧不惧。"我们听了这四个字，回想一下自己，长住在忧烦中，没有一样不担心的，我们怕自己生活过不好、怕工作没有了，大而言之，忧烦时代怎么变？小而言之，自己的孩子怎么样？一切都在忧中，一切也都在怕中。透过了"不忧不惧"这四个字的反面，就了解了人生，始终在忧愁恐惧中度过，

能修养到无忧无惧，那真是了不起的修养，也就是"克己复礼"的功夫之一。司马牛一听，觉得这个道理很简单。他说，只要没有忧愁，也没有恐惧，这就是君子？以现在社会来说，街上这样的人太多了，到那些较低级的纯吃茶地方去看看，那里的人既不担心又不害怕，没有钱用就抢一点，那都是君子吗？孔子知道他弄错了，告诉他不忧不惧是不容易的，要随时反省自己，内心没有欠缺的地方，没有遗憾的地方，心里非常安详，等于俗话说的："平生不做亏心事，夜半敲门鬼不惊。"内心光明磊落，没有什么可怕的，有如大光明的境界，那时一片清净、祥和。孔子所讲的不忧不惧是这个道理，并不是普通的不忧不惧。

——《论语别裁》

如何看待欲望？
——世上无如人欲险，几人到此误平生

原有与生命俱来的欲的问题，它究竟是恶或非恶呢？我们可以说：欲并非全是恶的。但欲很可能为恶的前驱，那是毫无疑问的。佛说狭义的"爱欲"为生死业力的根本，也就是教人认清"爱欲"实为自私所生的过患，而须防患于未然。《曲礼》所谓"欲不可从"，也正同此意。亚当和夏娃在伊甸园中的一幕，何尝又非此意。

至于再把欲归纳到男女之间狭义的"爱欲"范围，而且认为欲就是罪恶，那是宗教性绝对道德的

观念。宋明理学家也袭用了这严肃的一面，例如朱熹所说"世上无如人欲险，几人到此误平生"，就是由这严肃人格的观点而出发的。

至若《论语》中记载孔子所说的："我欲仁，斯仁至矣。"那是以欲作为动词的说法，也可以说这是广义的欲，所以佛欲度尽众生，使之离苦得乐，此欲已经化除"私欲"与"爱欲"而成为伟大的愿力。人们若能涤荡"私欲"、"爱欲"的胸襟，不被物欲所拘累，而善于变化物欲，为人类建立一个庄严、美善的世界，则与释迦慈悲度世的愿力，孔子所谓"我欲仁，斯仁至矣"的仁欲，并无二致。所以有人说："欲非恶。"我想，应作如是观。

——《新旧教育的变与惑》

为何要选丑一点的媳妇?
——福在丑人边

"其为人，洁廉善士也"，管仲把鲍叔牙看得透透的，他说鲍叔牙人格太好，人太好了不能干大政治，"水太清则无鱼，人太清则无福"，你们注意哦! 头脑太清醒的，太爱干净的，这些人没有福气;反而脏兮兮的啊，邋里邋遢的，福气好得很。所以中国人讲话，选媳妇要选一个丑一点的，"福在丑人边"，太漂亮就红颜多薄命，这是同样的道理。他说鲍叔牙这个人太好了，既规矩，又清廉，人格高尚，要求自己太干净了，不能玩政治的。难道政治是坏人玩吗？不是的，而是大政治家能够包容好人，也能够兼容那些坏的，黑的白的，五颜六色他都能够包容。譬如我们这一堂人坐在这里，如果叫电视公司来照，放出来一定很好看，因为我们各种颜色都有，不像他们出家同学清一色，头上都光光的。这个社会就是形形色色，要能够包容得了形形色色才行。

——《列子臆说》

人人都有权力欲

——欲除烦恼须无我，各有前因莫羡人

人情是什么呢？除了饮食男女之外，权力欲也是很大的，不仅是想当领袖的人才有，权力欲人人都有。男的想领导女的，女的想领导男的，外边不能领导，回家关起门来当皇帝。先生回家了对太太说："倒杯茶来！"太太呢？"鞋子太乱了，老公请你摆一摆……"这就是权力欲，人都喜欢指挥人，要想人没有权力欲，那就要学佛家啦！到了佛家"无我"的境界就差不多了。

一个人只要有"我"，便都想指挥人，都想控制

人，只要"我"在，就要希望你听我的。这个里边自己就要称量称量你的"我"有多大？盖不盖得住？如果你的"我"像小蛋糕一样大，那趁早算啦！盖不住的！这个道理就很妙了。

所以权力欲要控制，不仅当领袖的人要控制自己的权力欲，人人都要控制自己的权力欲。因为人有"我"的观念，"我"的喜恶，所以有这个潜意识的权力欲。权力欲的倾向，就是喜欢大家"听我的意见"，"我的衣服漂亮不漂亮？""嗳哟！你的衣服真好、真合身。"这就是权力欲，希望你恭维我一下。要想没有这一种心理，非到达佛家"无我"的境界不行。

佛家的话"欲除烦恼须无我"，要到无我的境界，才没有烦恼；"各有前因莫羡人"，那是一种出世的思想。真正想做一番治世、入世的事业，没有出世的修养，便不能产生入世的功业。我看历史上很少有真正成功的人，多数是失败的。做事业的人要真想成功，千万要有出世的精神。所以说，"欲除烦恼须无我，各有前因莫羡人"。人到了这个境界，或者可以说权力欲比较淡。

——《易经系传别讲》

龙到底是什么?
——神龙见首不见尾

　　中国文化是龙的文化。自黄帝时候开始，政治制度上分官，以龙为官名，如龙师、龙帝，都以龙为代表。龙是中国文化最伟大的标记，是我们几千年来的旗帜。中国文化对那些伟大的、吉祥的、令人崇拜的万象，每以龙为标记。西方人尤其英国人，近几百年以来，很多资料显示对我们中国人很多防范，很多不利，他们在心理上一直惧怕中国，有一派基督教，看见龙、听见龙都会害怕的。他们说《圣经》上说龙是魔鬼，其次他们把恐龙这些古代巨大生物，当作了中国《易经》上的龙，这些观念都是错误的。我们中国人自己要认识清楚，我们龙的文化，第一，不是基督教《圣经》上所讲的那个龙，不是魔鬼。我们的龙是天人敬信，在宗教观念上代表了上帝。第二，我们中国的龙，老实说没有人看见过，不必说他们把地下挖起来的骨头当作龙骨是错误的。中国的龙，不只是三栖的，甚至不止是四栖，水里能游，陆地能走，空中能飞，龙的变化大时可充塞宇宙，小时如发丝一样看不见，有时变成人，有时变成仙。龙到底是什么？无法有固定的具体形象。实际上中国文化的龙，就是八个字："变化无常，隐现不测"。如学会了中国文化，人人都可做诸葛亮。试看外国人的恐龙，全部都可看到，中国的画家画龙，如果全部画出来，不管是什么名家画的，都一文不值。"神龙见首不见尾"，龙从来没有给人见过全身的，这就是"变化无常，隐现不测"的意思。我们懂了龙的精神，才知道自己文化的精神在哪里，这也是大政治家的大原则，也是哲学的大原则，也是文化的大原则。另一方面，我们懂了"变化无常，隐现不测"八个字，也就懂了《易经》的整个原理。《易经》告诉我们，天下的万事万物，随时随地在变，没有不变的东西，没有不变的人，没有不变的事。因为我们对自己都没有把握，下一秒钟我们自己的思想中是什么？也没有把握知道。

——《**易经杂说**》

学习之窍

为谁而读书

——古之学者为己，今之学者为人

　　我现在发现，几十年教育的演变，不但读的书没有用，还浪费了孩子们的脑筋，把孩子们的身体都搞坏了。因此，我也感觉到有个重点的问题，这样的教育下去，很多小孩子会变成精神病，我看这很严重。所以我常说，我在书上写的也有，几十年前就讲了，十九世纪、二十世纪初期威胁人类最大的是肺病，二十世纪威胁人类最大的是癌症，二十一世纪威胁人类最大的是精神病。现在是精神病开始的时代了，我发现很多年轻的孩子们精神都有问题了，归结起来是教育的问题，一个国家、社会的兴衰成败，重点在文化，在教育。

对目前的教育，我的感慨非常大。如果在座的有哪一位学者研究教育的，把推翻清朝以后的教科书找出来，对比研究，会发现这个时代的变化太大了。今天编的教科书，在我看来，讲句不好听的话，不屑一看。这个教育怎么办？尤其看到现在的小孩子们，书包背得很重，大家的目的，都是为了考试。

在中国文化里教育的目的，《论语》有句话："古之学者为己，今之学者为人。"古代读书人为自己读书，为什么为自己读书？为自己的兴趣。我当年读书，的确是为自己的兴趣读书。现在读书不同了，为别人读书，为家庭读书，为父母读书，为社会读书，为求职业而读书；这个差得很远了。

——《南怀瑾讲演录：2004—2006》

孔子有两句名言："古之学者为己，今之学者为人。"荀子也引用过。我讲的这两句古文，是小时候背来的，不用本子的。古人读书是为自己读的，像我们小的时候读书，以我个人来代表，说明中国文化的这个作风。我从小什么都爱读，到现在我近九十岁，对自己的生活、求学努力的程度，同十二岁时没有两样。没有一天不求知，没有一天不读书的。为什么？古之学者为己，为自己兴趣，不是为别人，也不想拿学位。什么博士啊，硕士啊，我同汉高祖的毛病一样的，看不起什么什么学位，我一辈子也没有学位，我一辈子也没有一张好好的文凭，可是我一辈子什么书也读了。古之学者为己，为自己的兴趣。

今之学者为人，他说现在人求学问，吹牛大了，为什么读书啊？读书来求知识，为了将来替社会服务，替国家做一番事业。吹大牛！所以"今之学者为人"，自己吹牛，不为自己，为别人读。其实也对，现在有许多孩子，读书为父母读的。因为假使不考取高中，不考取大学，会给父母丢人嘛，今之学者为人，不是为自己的兴趣读，很可怜。

我昨天也想到，这两句话又要改了。孔子、荀子所讲的这两句，到底是两千多年前讲的。现在我改为"古之学者为己，今之学者为钱"，同你们一样，读个书出来，赶快找个好的职业，怎么样赚大钱，最好学管理学，学金融，学电脑……学的是技术，不是为求学问。

——《南怀瑾讲演录：2004—2006》

依我的看法，不出三五十年，人类将要重新追求精神文明，追求文化，而鄙视物质文明造成的烦恼。所以我一再鼓励年轻人，要想为孔子孟子的文化而努力，现在就要坐冷板凳，吃冷便当；能认真好好努力几十年，孔孟学术就时髦了。

以我为例子，小的时候念书，研究禅、研究佛学，当时被老一辈的人看见，先蹙起眉头，然后斥责：怎么搞这个东西！但我还是不放弃。有的人还委婉地说：你父亲怎么不说你呢？怎么去学这些东西？这是十分客气的话了。我年轻时就是倔强，我说这是我的兴趣，这是学问，不懂就不要批评，如懂就辩论一番，我是为自己的兴趣而学。

正如古人荀子的话："古之学者为己，今之学者为人。"古人求学，是为自己的学问而学问；现在的人求学问，是为别人，为家庭，为求职业。当年自己是这样为自己而求学，谁想到几十年后的今天，禅学、佛学，成为全世界风行的学问呢！

由这件事例就知道，应该如古之学者的"为己"，为学问而学问；不要学今之学者的"为人"，表演给别人看，或者为声望、名利而求学问。假如今日为中国文化，为人类文化而努力，在很快的未来，二十一世纪的开始，即会成为了不起的大师，只看今日的努力如何了。

——《孟子旁通（下）》（告子篇）

读书的目的，不在考试升学
——读书志在圣贤

我们中国古代讲读书是什么呢？《朱子治家格言》两句话，我们都背的："读书志在圣贤"，读书的目的是准备做尧舜，学大禹王一样，建设国家。所以"为官心存君国"，古代我们受的教育，做官是报效国家的。

三十年前，有一个学生，师范大学的博士，我也是他的指导老师，跟我很久了。有一天他跟我谈起来，说很多教育家坐在一起谈论，大家都说，这个教育怎么得了啊！我说不要讲了，我从小听到现在，就说"世风日下，人心不古"。我说没有问题啦，你们老的不要担心，我们死了以后太阳照样从东边出来，不会西边出来的啊。不过现在教育有问题，有个学生拿到博士学位，他说，老师啊，现在教育目标在考试。我说你讲得对，这句话好讽刺啊！

你看现在的教育，小学生背的书包那么重，我们小的时候读书，尽玩的。我现在能够向你们报告得出来的，都是十一岁、十二三岁的学问啊！那时读书都是背的，书背完了就玩，到处玩，哪里像现在这么辛苦。所以我现在八九十岁了，有时候晚上看报还不戴眼镜呢。你们现在那个灯光太亮，把小孩子弄得都架着眼镜。这个国家一旦有事，这些人怎么出来当兵打仗啊（众笑）？然后报告敌人慢点放炮啊，我眼镜还没有戴上（众笑），那行吗？所以都是问题！

现在你看为了考试，小学读的书到中学没有用了，拼命考，还补习；中学读的书，到高中没有用了；高中读的书，到大学没有用了；出去留学，就更没有用了。你看读书就是这个样子。我们当年的教育方法，十几岁读出来的书，一辈子有用，越老越好，越熟越好。现在读的书啊，幼稚园开始，"小白兔，两只耳朵跳三跳"（众笑），跳六跳也没有用啊（众笑）！这个背了干什么用啊？

　　家长们也不懂，拼命鼓励孩子考好的大学，大学考取了，留学回来，读博士。我说你们博士有什么用啊？你看今天社会，所有的博士都是给那个"不是"用的。那种人什么都不是，格老子我有钱就可以请你一百个博士（众笑）。对不对？所以是读书无用论吧？读书的目的不在学位啊！我们现在读书，教育没有宗旨。

　　　　　　　　　　——《南怀瑾讲演录：2004—2006》

不如先求自立

——己立立人

你们想办好学校，我非常了解，我推动读诵经典十几年，结果到处都在讲教育。我有些学生在外面讲，要用爱心教孩子，我都反对。不能老是教人家用爱心，我严格教孩子就不是你那套爱心的教育啊！父母严厉教育孩子也是爱，怎么不是爱呢？爱一定要怎么样啊，根本都不懂什么是真爱。办教育不是那么简单，所以我看了你们的好心，在此答复你们，不如先求自立。中国儒家的道理有一句话，"己立立人"，自己先站起来，再帮忙别人站起来。你们都学佛嘛，学佛菩萨的精神"自利利他"，先求自利，再办社会的教育事业。先把人做好，人都没有做好，不要说来学佛。我也学了几十年，还没有成佛呢！等到我成佛，你也听不到我的话了，大家先好好做人吧！

——《廿一世纪初的前言后语》

一个人，唯能够自正，才能够正众生。"幸能正生，以正众生"，就是说，一个人自己能够正，才能够正人；也就是儒家所讲的己立立人；佛家嘛，自度度他；所以儒释道三家，路线都是一样的。

那么，人如何能做一个正人君子呢？必须先要止，心境才能够定，见解也定；就是见地见解要正。用现在的话来讲，观念要确定，要不变，不受环境的影响，一个观念勇往直前。

——《庄子諵譁》

古人的可爱处
——仕而优则学，学而优则仕

子夏曰：仕而优则学，学而优则仕。这两句话要注意，后来一直成了中国文化的中心思想之一。讲到这里，我的感慨特别多。过去我们中国文化，都是走这两句话的路线，我们翻开历史来看，觉得很可爱，过去的人所谓："十年窗下无人问，一旦成名天下知。"学问有成就，考取功名，做了官，扬名天下。可是做了官以后，始终不离开读书，还在求学，每个人都有个书房，公余之暇，独居书房不断进步，这是古人的可爱处，就是"仕而优则学"，尽管地位高了，还要不断求学。"学而优则仕"，学问高了，当然出来为天下人做事。然而到了现代几十年看来，只有"学而优则仕"，至于说"仕而优则学"就少有了，而是"仕而优则牌"，闲来无事大多数都在打牌，有的买了线装的二十五史等书，我担心放在那里将来会被书虫蛀了，因为他都在打牌，这正如《老残游记》所谓："青琐瑯嬛饱蠹鱼。"所以我深深地感慨，一个时代的风气之可贵，我们要为后一代做好榜样，我们已经害了自己，害了社会，绝不要害后一代，对后一代培养好，使国家未来的前途，看到光明的远景，我们这一代再不能马虎了。历史上，如司马光做了这么大的官，《资治通鉴》是他著作的，退下来，公事之余，他就著作、读书，千古的名著，不是简单的。现在读书的风气没有了。刚才说笑话，"学而优则仕，仕而优则牌"。现在这个风气又过去了，不是牌了，仕而优则舞，下班以后跳茶舞、喝咖啡，等等，花样多了。这就说到社会上读书的风气的确是很重要。其次我有另一个很大的感慨，过去办教育的只是牺牲者，一辈子从事教育，的确是牺牲。很多人教出来的学生地位很高了，回来看老师还磕头跪拜的，学生为什么如此？是老师对教育的负责，学生终生的感谢。现在不然了，学而优则商，读完了书去做生意，生意做垮了就"商而不优则仕"，搞一个公务员当当，公务员再搞不好，于是"仕而不优则学"，转过来教书去！这怎么得了？我这话是老实话。前几年确是如此，看到这种情形，身在教育界就感慨良多了。时代的趋势变成这样，我们对于子夏这两句话，应该要深切地反省深思，今天的社会，所谓中国文化、中国教育，到了这种情形，应该怎么办？

——《论语别裁》

道德真充沛的人，外表很平凡
——学问深时意气平

我们知道孔子是圣人，非常伟大，但是一个真正的大圣人，绝不会自己当教主，绝不会把自己的言行、态度，做成教主一样，那就不足以成为一个圣人。不必说孔子，就像普通的人，所谓"学问深时意气平"，自己真到了那一步学问修养的时候，就觉得自己非常平淡，没有什么了不起。如果心中还有一个观念，认为自己很了不起，比别人都高明，那就完了。

——《论语别裁》

一个人内在道德的充沛，外形上看不出来，这个非常重要。有道德之士，如果外貌也摆出一个道德的形态，那就是有限的道德了。可以叫他有限公司。道德真充沛的人，外表很平凡，就像文学里讲的，"学问深时意气平"。一个人学问成就深沉了，他的意气也没有了。这句话看起来很平常，实际上很重要的。我们晓得古今中外的知识分子，他们的争论与心理上的战斗，比什么都厉害。普通人活着都在争，是贪心所起的争，是争利害。知识分子的争，比普通人所争更可怕，是所谓思想之争，更超过于利害之争。

所以真做到学问深时意气平，就是无诤，那就是圣人境界了，叫作得道的人。平常看这么一句话，"学问深时意气平"，好像很容易，做起来是非常困难，因为意气很难平和。知识分子能否够得上这个标准，全看他的意气能不能平。

——《庄子諵譁》

如何恢复"赤子之心"?
——悬崖撒手自肯承当，绝后方苏欺君不得

什么是道的境界？在这里暂以孟子的观念来解释，就是恢复到"赤子之心"的境界，也就是由后天修养回复到先天的境界。

要怎样才做得到呢？要他"自得"，也就是自悟。假使不是"自得"而是被教的，就不能活用。例如现在有许多人学修道，学打坐，一开口就说：老师教我这样打坐的，好像是为老师而修道、打坐的。老师教了重点，教了方法，自己就要能够活用；自己不去体会，不去活用，这就是不能够自得，而是

拿到鸡毛当令箭了。

禅宗有一句非常有意思的话："悬崖撒手自肯承当，绝后方苏欺君不得"，意思就是学问修养要自得，自己启发自己的灵智，就是道的境界；不是从老师那里填塞进来的，也不是接受的。否则就变成了宗教的教条式信仰，那并不是道。

只有自得的，则能"居之安"；而"居之安"并不是指房子住得好，是指平常都在自己所得的本位中。"居之安则资之深"，这个"资之深"，不是现代语老资格的意思，"资"是资用，也就是说，平常处世可以应用你的道。因此出世、入世都在道中行，则"取之左右逢其原"，出家也好，隐居也好，不出家也好，为官也好，都处在道中。所以学问之道要"自得"。

过去圣人的言教，都是要我们能够求其自得，这也是从"赤子之心"来的。学问的修养、道的修养，都是这个原则，要"自得"。而学问以外的培养，则要学识。严格说来，学问就是道，而其他各方面的知识、写文章等，那只是学识。

——《孟子旁通（下）》（离娄篇）

何必求"全"？

——绝利一源，用师十倍

讲中国文化，其中太多内涵，在中国诸子百家中有一本书《太公阴符经》，一般人是不大读的。像我年轻时出来，学军事，同时又喜欢研究中国上古的兵书，读到《阴符经》里头这两句重要的话："绝利一源，用师十倍。"我对失明的朋友再报告一下，"绝"是断绝的绝；"利"，利益的利；"一"，一二三四的一；"源"，三点水，流水的源头；"用"，作用的用；"师"，老师的师，这个师在古代就是带兵团的，是古代带万人以上的军队。

"绝利一源，用师十倍。"这一句话非常深刻。比如一个人做生意、做任何事业，都很贪的，样样利益都想贪图。其实人不要太贪。譬如我们坐在圆桌子上，前面摆的都是好吃的东西，你统统吃吗？会把你吃伤了、吃出病来，你只好放弃其他的，只吃需要的一样，这叫"绝利一源"。乃至连需要吃的也放弃了，你在别方面所得到的就更多。

用到生命科学、医学上讲，我们病了，为什么要开刀呢？譬如说癌症，开了刀拿掉，就是"绝利一源"；譬如手坏了，切掉一只手；腿坏了，切掉一条腿，能活得更长、更好。注意"绝利一源，用师十倍"这句话的意思。

我刚才不是随便讲的，我这两三年早就准备失明了，可是因为我这种心境，加上自己修行、打坐、修养，现在反倒渐渐好转了。前两天还有在我身边的同学说，老师啊，我有信心你的眼睛一定会好。我就笑，我说很有可能，我自己现在也觉得好一点了。

当然这个里头内容很多。所以说，我们眼目失明了，这有什么稀奇！记住，眼睛不好，失明了，耳朵更灵光，其他的感觉方面更加强，要发现自己生命的功能，有那么多用处。生命的功能，也是"绝利一源，用师十倍"。譬如今天我看到你们诸位失明的朋友，唱歌的歌声嘹亮，身体动作都很好，忘记了眼睛看不见。

——《廿一世纪初的前言后语》

道不欲杂，杂则多，多则扰
——一门深入

　　我小时喜欢作诗，我父亲就给我一本书，要我背里面的诗。我一读很欢喜，父亲说，这是附近一间庙子的和尚作的。那位师父是打鱼出身，一个大字不识。他不知什么因缘忽然出家了，经也不会读，就整天拜佛。那庙子地面是石块铺的，他拜了九年，石块都拜出印坑来了。后来他又忽然不拜佛，去睡觉了，一睡睡了三年，中间有时连睡几个月动都不动的。他师弟在他屁股上放碗水，第二天再看都没翻掉，还以为他死了，好在他师父知道他是入定去了。三年以后，他作文章作诗都会。这是我亲身见到的，说明你拜佛或用什么法都好，只要诚恳，专心一致，系心一缘，制心一处，无事不办。你搞净土，又参禅又学密，到处找能让自己快一点成就的法门，好像在买股票一样，是一无所成的。一门深入的话，诚恳拜佛也会悟道的。佛法其实很简单，制心一处，无事不办，专一就成功了，不要念"多心经"啊！记得《金刚经》告诉过我们："是法平等，无有高下。"

——《维摩诘的花雨满天》

以我所晓得的，几十年来看到修道学佛的人，或心脏病突发、高血压，严重一点脑神经分裂，都死在这几种病上。除非禅定工夫很高的，预先晓得自己何时会死，那是很少很少的。其实有些乡下人，一个大字不认识的愚夫愚妇，规规矩矩念佛的人，那些人倒是善男子善女人，有时候倒还能够做到预知时至。你们诸位真正想成佛当神仙的，只有一个法门，就是笨、老实、一门深入。

——《我说参同契》

"夫道不欲杂"，孔子这里说的道，不是修道的道，也可算是另一个原则的道；人生的大原则大道理，都是同样不能杂，要专一。这句话很重要，你们修道打坐，想证果位，要一门深入，方法不要学多了。方法多了，你没有智慧不能融会贯通，结果一样都无成。做人做事这个道，这个法则之道也是一样。"杂则多"，道杂了思想就多了；"多则扰"，思想多了就困扰自己；"扰则忧"，困扰自己就烦恼忧虑；"忧而不救"，人有烦恼忧虑在心中，救自己都救不了，还能救人家吗？还能够救天下国家吗？

——《庄子諵譁》

什么是学问的最高境界？
——满罐子不响，半罐子响叮当

人们在求学的阶段，要有学问有知识；其实那是半吊子，真正有学问时，中国有句话"学问深时意气平"，学问真到了深的时候，意气就平了，也就是俗话说的"满罐子不响，半罐子响叮当"。从佛学来说，大阿罗汉或者菩萨没有成道以前，都是"有学位"。成了佛叫作"无学位"。这个"无学位"不是戴方帽子的学位，是已经达到不需要再学的位阶了，已经到顶，最高最高了。但是最高处也是最平凡处，最平凡处也是最高处。所以，真正的学问好像是"不学"——没有学问，大智若愚。"复众人之所过"，恢复到比一般人还平凡。平凡太过分了，笨得太过分了，就算聪明也聪明得太过分了，都不对。有些朋友相反，就是又不笨又不聪明得太过分。真正有道之士，便"复众人之所过"，不做得过分，也就是最平凡。真正的学问是了解了这个道理，修养修道是修到这个境界。

——《老子他说（初续合集）》

究天人之际，通古今之变
——读万卷书，行万里路，交万个友

你们要研究《资治通鉴》，经史合参的目的在哪里？就是司马迁的话，"究天人之际，通古今之变"。天，是宇宙物理世界；人，是人道。所以读历史不是只读故事，不是只知道兴衰成败，还要彻底懂得自然科学、哲学、宗教，通一切学问。"通古今之变"，你读了历史以后才知道过去、现在，知道未来的社会国家，知道自己的祖宗，知道自己的人生，知道以后你往哪个方向走。司马迁提出了孔子《春秋》的内涵，也就是"究天人之际，通古今之变"。

司马迁平生有"读万卷书，行万里路"的精神，他写《史记》的时候，也考察了各个地区的有关史料。不过我在这里再加上一句话，一个人要想成就自己的学问，除了"读万卷书，行万里路"，还要交一万个朋友，当然最好是交好朋友，交到坏朋友就麻烦了。

——《廿一世纪初的前言后语》

现代人为什么要读史？
——观今宜鉴古，无古不成今

我们有五千年历史，譬如我们经常提到二十六史。全世界的民族，保存自己国家民族的历史最完整的只有中国人。譬如印度，历史都没有了，靠十七世纪以后的外国人帮他们整理。印度这样大的国家，这样大的民族，这样深厚的文化，就是没有历史。你们不能拿美国来讲，我在美国的时候给他们讲笑话——你们的历史两百多年，我们有五千年，我说你们要给我们做文化的学生，做徒孙我都不要。讲科技的话，我们叫你师父还可以。

我们小的时候是讲二十五史，加上清朝三百年的历史是二十六史，如果再加我们这一百年，就是二十七史。任何一个国民，如果自己不懂历史，就不要谈文化了，因为新旧的观点无法对照。所以我也常提这个话——"观今宜鉴古，无古不成今"——我们要想了解现在，了解未来，必须读历史，回头去看过去的经验。没有古代哪有现代？没有父母哪有儿女呢？没有祖先哪有我们呢？可是，我们现在迷了路。

——《漫谈中国文化》

我还有个主张，希望大家为了自己国家民族的前途，研究这个经济政治问题，要多读历史才好。古人有两句话："观今宜鉴古，无古不成今"，这是我们小时候读书背的，要了解现在时代的趋势，必须要懂得自己古代的历史。我们的国家民族，是怎么一步一步走到现在的？要研究几千年的演变，不管它走得好坏。

——《南怀瑾讲演录：2004—2006》

读经还须结合历史，读史必须配合经书

——刚日读经 柔日读史

我素来主张"经史合参"，要诸位对经史融会贯通，这样才能学以致用，否则光读经书，一天到晚抱着四书五经，人会变迁的，会变成呆头呆脑的。读经书，还必须配合历史，读历史同样必须配合经书。所以古人有所谓"刚日读经，柔日读史"的说法。年轻人一看这句话，头大了，什么"刚日"、"柔日"的。其实很简单，所谓"刚日"就是阳日，也就是单日；所谓"柔日"就是阴日，也就是双日。

但是在"刚日读经，柔日读史"这句话里，刚日、柔日的意思不是这么呆板的。所谓刚柔，代表抽象的观念，"刚日"就是指心气刚强的时候，这里看不惯、那里看不惯，满腹牢骚，情绪烦闷。这时候就要翻一下经书，看看陶冶性情的哲理，譬如孟子的养气啰，尽心啰。相反地，如果心绪低沉，打不起精神，万般无奈的时候，那就是柔日，就要翻阅历史，激发自己恢宏的志气。

——《孟子旁通（中）》（公孙丑篇）

文、史、哲、政不分家

——江上何人初见月，江月何年初照人

要讲中国哲学，没有一个单独成立的系统，所以大家学中国哲学史，是个很笑话的事；因为中国哲学和文学、历史、政治四样东西是连在一起的。第一是文哲不分，文学家都是哲学家，一个中国哲学家，要想懂哲学，先要懂《诗经》与《易经》。《诗经》里头都是哲学，文哲素来不分，他不像西方哲学家、科学家、诗人，都是独立的。其次是文史不分，文学家同历史家不分的；再其次是文政也不分，一个大文豪，往往又是大政治家，也是史学家。这个政治不是讲普

通主观的政治，而是同人生实际做人做事分不开的。所以文哲、文政、文史，都分不开的，通通连着。

其实中国的哲学早就有了，譬如我们随便举一句文学上有名的，像隋唐之间的一首诗《春江花月夜》，这一篇长歌长诗，充满了哲学问题。最有名的两句："江上何人初见月，江月何年初照人。"比你先有鸡呀先有蛋，好多了。管它鸡呀，蛋呀，我们中国人把鸡炖起来，加一点香菇很好吃，哪有时间问你先有鸡先有蛋！可是碰到这个文学境界，"江上何人初见月，江月何年初照人"，这个味道，比先有鸡先有蛋有意思多了。乃至我们经常说的苏东坡，现在来讲他的笑话，苏东坡早就想当太空总署的署长，为什么这么说呢？那个时候，还在宋朝，看他作的词啊，"不知天上宫阙，今夕是何年？"他很想坐火箭上去看看。这些就是说明，中国的哲学思想，充满在文学的著作里。如果在中国人的文学著作，文章、诗词、歌赋、对子中，把哲学的东西找出来，那不得了，那多得很。

——《庄子諵譁》

让头脑更灵光的读书方法
——道通天地有形外，思入风云变化中

我告诉你们读书的方法，这一篇读不懂，很烦，你就翻过去读下一篇；下一篇又不懂，再看下面；忽然后面懂了，再回来看前面，都懂了，我的读书方法就是这样。

还有我的读书方法，佛经跟那个黄的摆在一起，然后政治学跟武侠小说摆在一起，所以我看书是乱七八糟的。看对了连续不断地下去，久看又怕脑筋坏了，改看小说看电视。好的电影我现在不敢看，因为看起来就不睡觉，一路把它看完。看书也是这样，不喜欢中断，因此就要换脑筋回过来再看佛经，那个思想就进去了。这就叫"道通天地有形外，思入风云变化中"，这是宋儒的句子，赶快拿起小说来看，这个脑筋就换过来休息了。

你研究科学时，脑神经太深入了，就拿个轻松的东西看一看，哈哈一笑，脑筋休息了，换过来了，这是我读书的方法。都是密宗哦！我把秘诀传给你们了。我的意思是要你们研究学问不要怕困难，所以思想不要专门在一个地方，就照我的办法，桌子上摆乱七八糟的，什么都有，都看。

有一句话记住，宋太宗赵匡义这位皇帝，他的好坏我们不批评，历史上记载有一点我很佩服。他在军旅打仗二十年，后面二十匹马带着的都是书，一边骑马，一边手里没有离开过书本；所以历史上对文人最尊重的一代是宋朝。宋太宗兵间马上二十年，手不释卷，就是形容他的。所以他讲了一句名言四个字，"开卷有益"。任何一本书，不要说正式地读，翻一翻都有利益，叫开卷有益。人到卡拉 OK，一定会扭一下，唱一下。打开书本就会看一下，冒充也在读书了，开卷有益，也有好处。

——《小言黄帝内经与生命科学》

真正的老师

——经师易得，人师难求

中国《礼记》上有两句话，"经师易得，人师难求"。老师有两种，一个是经师，一个是人师。古代所谓经师，是教各种各样知识学问的。下自现在的幼稚园、小学老师，上至大学里教硕士、博士的大教授，不过是传播知识的经师而已。我也做过大学教授多年，也带过硕士生、博士生，从我手里毕业的硕士、博士很多。我说小兄弟啊，告诉你吧，学位一定让你通过，恭喜你，不过你尽管拿到博士学位，这个学位是骗人的，拿这张文凭骗饭吃，学问还谈不上。

学问连我都没有，活到老，学到老，学者效也，这个效果在哪里？很难了。

我常常说，现在的教育哪有老师啊？我在大学里上课，派头很大，大家都晓得南老师来上课，同学们喊立正啊，我说请坐，请坐。因为我真怕，为什么怕？我二十一岁起带兵，上场校阅，统统是这样，满校场几千人，喊立正，司令官万岁。那时自己留个胡子，冒充四五十岁，自己觉得好高好伟大啊！可是一年以后我就领悟到了，这是什么狗屁的事！这是唱戏嘛！万人敬仰，一呼百诺，这个威风大吧！只要出个声，大家都害怕了；眼睛看看茶杯，好几杯茶就来了，这个味道一般人觉得很好过啊！可是我已经领悟到了，这没有道理。

那个时候都是勤务兵为长官添饭，而我吃完了自己添，服侍我的勤务兵看到都傻了，他说大家都是这样，你怎么不让我添饭？你不要我了啊？我说没有啊！我是人，你也是人，我有两只手可以做；我现在做官，你给我添饭，我老了谁给我添饭？我不能浪费我的手不用啊！我需要的时候再叫你添。这同教育都有关系。所以我带兵的时候，兵跟我就是兄弟。对兵讲话，不像跟你们讲话，对兵讲话很简单，"他妈的"，你以为那是骂人吗？有时候那是奖励的话。这些兵多数是文盲，没读过书，要是像我们今天这样对他们讲话，那要他的命了，他才懒得听。你娘的，他妈的，他就懂了。这也是教育。

刚才讲"经师易得"，传播知识容易；"人师难求"，人师是用自己的行为、品性、言语影响学生，有道德、有品性，一辈子给孩子们效法，这叫人师。大家想想，我们在座的都受过教育，由幼稚园到初高中、大学，请问哪个老师给你印象最深刻？有几个是你最敬佩的？我想很少。

例如我学拳术武功，有八九十个老师，少林、武当，十八般兵器我都学过。我对于学武的老师都很恭敬，后来到台湾还碰到一两个，他看到我好高兴，我请他到家里吃饭。他爱喝酒，我请了一次就再也不敢请了。他一餐饭吃了六个钟头，慢慢喝酒，就谈那一些讲过的事，他希望我在台湾恢复武术的教育。这个老师专学武的，没有文化基础。

我学文的老师差不多也有一百多个，而且有前清的举人，有功名的。真正的老师，我只有一个袁老师，另外还有一两个学文的老师。我现在提一个问题，也给你们参考。我们大家反省，那么多的老师中，能影响自己一生，值得效法、敬佩、敬爱的，能够一想就想起，想起他就跟想到自己父母一样的，有哪些？我想大家跟我一样，从小受教育到现在，多少老师都忘掉了，为什么？"人师难求"。现在我们做人家的老师了，注意，要给受教育的孩子们留下你的影像。

——《廿一世纪初的前言后语》

禅的教育观

——见与师齐，减师半德；见过于师，方堪传授

"虽欲从之，末由也已。"虽然跟着他的道路走，跟着他的精神那么做，但茫无头绪，不晓得怎么走，简直一点苗头都找不到。这是颜回口中所描写出来的孔子，就是这样一个人，讲他的做人，崇高、伟大、平实，而摸不透。第二点讲到孔子教育人家，是那么善于诱导，而且那么注重多方面的知识，知识渊博了以后，同时注意中心思想的建立。第三点说明自己努力的结果，不论怎么做，老是跟不上孔子。

讲到这里，我们联想到禅宗百丈大师的几句话：

"见与师齐，减师半德，见过于师，方堪传授。"说够得上做一个禅宗大师的徒弟，要有一个条件——比老师还高明。他说如果学生的学问见解和老师一样，已经是矮了半截了。为什么？因为老师已经走了几十年了，这个学生还是在几十年以前的程度，在后面跟着老师走。教育的目的希望后一代比前一代好，要年轻一代的学问见解，超过了老师，才可以做徒弟。所以我经常有个感想，我们年纪大一点的朋友们，领导青年们，所期望于后一辈青年的，就要效法这几句话，希望后面的青年比我们行。

——《论语别裁》

书院同佛教禅宗教育一样，四句话，"见与师齐，减师半德"，你的学问见解跟老师平等，"减师半德"，你只算一半。老师一百分，你只有五十分。为什么？老师起码比你大个一二十岁吧，大个十岁吧。等你再大十岁，老师的学问又增加了。"见过于师，方堪传授"，你的学问见解超过了老师了，好学生！他把所有学问经验都告诉你，否则你消化不了，没有用。所以我说人家问我：老师！你有什么学生吗？我说我现在半个也没有！要"见过于师，方堪传授"，才可以传经讲道，倾囊相授。

——《漫谈中国文化》

什么才是好的文章？
——但得流传不在多

　　现在人很喜欢著书。但是我常常告诉年轻人，现在著书有什么用？没有什么书是值得流传、能够流传的。你看八十年以来，一本书在书架子上放了几十年，舍不得丢的很少。再看古书，你就舍不得丢了。它永远有它的价值。现在的报纸和有些书只有五分钟寿命，甚至连五分钟还不到，人家看了就丢了，看了也不会记得。而有些文章，尤其有些广告文章，一拿到手里连溜一眼也不溜就丢了，还没有三秒钟的寿命。所以"好"就是好，大家会告诉大家，这就是好的文章。真好的东西，要有几十年、几百年，乃至千秋万代，人家还舍不得丢，那才叫作事业。古人有一句话说"但在流传不在多"，能够真流传下来的，它的价值不在数量多。你看诸葛亮的一生，有万古功业之名，文章只有两篇前后《出师表》永远流传下来。诸葛亮的一生，有这两篇文章也就够了。可知但得流传不在多，真正有流传的价值，这也就是事业的定义。

——《易经系传别讲》

学《易经》的最佳打开方式
——玩索而有得

你们已经来不及了，都二十几岁了，你们懂吧？像我下这个工夫，这些诗我能够懂，是什么年龄？十二岁。老实讲我还没有跟老师好好读过书哦！读书有一个经验，孔子讲研究《易经》"玩索而有得"，用玩的啊！现在的教育我完全不赞成，把你们的脑袋从小给读死了。你看我现在还懂得国学，我们小时候一天到晚在玩，什么时间读书啊？我是晚上读书。我的父亲晚上没有事了，一把摇椅坐在我后面，我只好读啊！像我读诗"尘世无繇识九还"，我下面抽屉里面看《红楼梦》。他在摇椅上摇，我晓得他一停了，肚子一靠，"……识九还啊！……"轻松读出来的，也是"玩索而有得"。像你们这样读死书怎么行，都读死了。

——《漫谈中国文化》

我们现在开始研究《易经》，有一个法则要把握住，这个法则就在手边这本书上，孔子研究了《易经》以后说出来的。他这句话很妙，他说："玩索而有得。"学《易经》最好用打麻将的方式来学它，如果把八卦刻在麻将牌上，摸起来就趣味无穷了。孔子教我们念别的书，都是要持严肃的态度，唯有教我们学《易》，要"玩索而有得"，要天天玩它。我年轻时读《易经》，老师硬叫背，痛苦之至，问他这些话是什么道理，他也不讲，大概他也没弄清楚，只认识书上的文字。自己后来年纪大了，慢慢摸这个东西，就发现需要玩了，最初用象棋子，画上八卦排来排去，后来干脆改用麻将牌。现在一直想改用电脑，可惜没有时间去研究制作，最好能像科学馆的天文仪一样来玩，所以《易经》要"玩索而有得"。

——《易经杂说》

躬行之要

从过去中解脱出来
——苟日新，日日新

当年有一位大师讲中国文化害在一个"静"字，因为大家都主静。后来我讲了句难听话，我说放狗屁！根据什么说中国文化主张静？中国文化早就说宇宙间的万事万物都在动啊！尤其是《易经》，经典里头的经典，哲学里头的哲学，提出来"天行健"，这个天体永远在运动，太阳月亮永远转动。"天行健"卦辞下面——"君子以自强不息"。所以人要效法天体，不断地前进，只有前进没有后退。谁说中国文化是静态呀？所以《大学》上讲"苟日新，日日新，又日新"，人效法天地，只有明天，满足于今天的成功就是退步了。修道也好，做学问也好，人生的境界永远看明天，只有明天，不断地前进，生生不已，这就是我们中国文化生生不已的道理。

——《我说参同契》

学佛第一步先忏悔过去的罪业，怎么样不入于过去？不被过去困住了？用中国文化来解释，最简单的就是："苟日新，日日新，又日新。"犯了错，但从此不再犯，也就是颜回的"不二过"。六祖在《坛经》上讲忏悔，忏过去之罪，悔是未来永不再犯。像你们常常"二过"，口口声声讲忏悔，都是在骗人骗自己。真是大丈夫的人，连"忏悔"两个字都不讲，他就是痛改，对自己毫不客气的。

——《维摩诘的花雨满天》

谋生技能有多重要？
——良田千顷不如一技在身

　　人要自立，自己先要站起来，己立而后立人。一个人要学谋生的技能，先要看自己的所长，学个专长。最可怜的是无专长，像我们年轻时前辈老师们骂我们的，"肩不能挑担，手不能提篮"。读书人最可怜了，不能做劳工，只会嘴巴吹牛混生活。古人说，良田千顷不如一技在身，这是非常重要的观念。

——《列子臆说》

一个知识分子的人格养成

——夫唯大雅，卓尔不群

"夫唯大雅，卓尔不群"，这是班固特别创造的两句话。只有真正有文化、有思想的人，才能独自站起来，不跟着社会风气走，自己建立一个独立的人格。

——《南怀瑾讲演录：2004—2006》

前两天，我在家里还告诉我们自己同学，一个知识分子的养成有四个字，上次资料里头有，就是"卓尔不群"。

什么叫"卓尔"呢？每个人养成独立的人格，就是真的民主，真的自由了。有独立的道德，卓尔不群，不跟着时代转，不要跟着学别人。

所以我上一次给清华大学的学员讲，你们现在大家讲拼命要发财，发了财干什么啊？我说赚钱非常难，用钱比赚钱更难。我常常说一班学佛的朋友，你们要做好事，我问你，你们会用钱吗？有一个美国算八字的，算得最高的人，同学们把我八字拿去算。这个人第一句话，哟！这个八字很特别，是个花钱天才。同学们哈哈大笑！所以同学们问我，我说你们就不懂得花钱，赚钱固然不容易，花钱更不容易。

比如说，你们都讲学宗教的，学佛的要做好事。我说好，我今天晚上就给你十万，你拿出去做好事，今天晚上，给我花得一毛不剩回来。你花得完了，我再给二十万奖金。你做不做得到？至于说你拿个十万去卡拉OK，找个小姐来，送她买胭脂花粉，一百万一下就出去了，那个叫花钱吗？那谁都会花。

真用一块钱做了有意义的事，你做不到的。我说做好事啊，还要有善缘，还要有功德，还要有机会哎！你天天想做好人做好事，吹吹容易啊！好人没有榜样的，好事没有机会给你做的（众笑）！所以要养成"卓尔不群"，独立的人格。

——《南怀瑾讲演录：2004—2006》

最重要的管理学

——正己而后正人

你们要做老板、领袖，搞管理学，先管理自己吧！自己性情管理好，智慧管理好，理性管理好，然后再管理别人，再谈事业。

所以，什么叫政治？中国人讲的政治，意思是"正己而后正人"。自己都不行，还能领导别人吗？人家让你领导，是为了利害关系，为了待遇，为了钞票，并不是服气你；你要使他服气就不是这么简单了。所以说"正己而后正人"，要"作之君，作之亲，作之师"就难了。

——《南怀瑾讲演录：2004—2006》

我们老祖宗是圣人贤人，不过我们也是"剩人"，剩下来的剩，剩下来没有用；又是"闲人"，没得用了嘛！我们本来就是"剩闲之流"。我们老祖宗是真圣人。这个圣人之治是如何呢？不是在外形上要求的，所以真正要天下太平，每个人自动自发，要求自己成圣人，不是要求别人。正而后行，确乎能其事者而已矣。他说真正先王之道，是圣帝明王治天下，不是要求别人的，而是要求自己的。人人自治，真正的自治，每个人变成真圣人。"正而后行"，每人都很正，正己而后正人，这样起作用。

——《庄子諵譁》

现代人要好好学习的两个字
——静以修身，俭以养德

"君子之行，静以修身，俭以养德"，他告诉儿子，先学会宁静，宁静不是单指打坐时思想的宁静，而是你心境要随时可以宁静，欲望减轻了。第二是"俭"，这个"俭"好像省钱的俭，同样的寓意，简化，脑子情绪不要复杂，一切都要简化，抓到要点。尤其这个时代，事情那么多，大家都忙昏了头，都在拼命，精神问题越来越多，要好好学习"俭"和"静"，静以修身，俭以养德。

——《漫谈中国文化》

对治现代人焦虑的一剂良药

——淡泊以明志，宁静以致远

世界上一切宗教、哲学，任何的学问，一切的知识，修养的方法，也都是一个名词"调心"，调整我们的心境，使它永远平安，就是这个作用。调心的道理，庄子用的名词是"游心"。

人的个性、心境，喜欢悠游自在，但是人类把自己的思想情绪搞得很紧张，反而不能悠游自在，所以不能逍遥不得自由。"汝游心于淡"，你必须修养调整自己的心境，使心境永远是淡泊的。淡就是没有味道，咸甜苦辣酸都没有，也就是心清如水。我们后世的形容，说得道的人止水澄清，像一片止水一样的安详寂静，这就是淡的境界。这一句话，后世有一句名言，是诸葛亮讲的，"淡泊以明志，宁静以致远"。

诸葛亮这两句话，影响后世知识分子的修养非常有力。但是这两句话的思想根源是出于道家，不是儒家；诸葛亮一生的做人从政作风，始终是儒家，可是他的思想修养是道家。因此我们后世人演京戏，扮演诸葛亮，都穿上道家的衣服，一个八卦袍，拿个鸡毛扇子；俗话说拿到鸡毛当令箭，就是从诸葛亮开始的。淡泊以明志这一句话，就是根据《庄子》这里来的，所谓游心于淡。

——《庄子諵譁》

人生为何要多习劳？
——君子劳心，小人劳力

　　一个人环境好，什么都安逸，就非常容易堕落。民族、国家也是这样。所谓"忧患兴邦"，艰难困苦中的民族，往往是站得起来的。所以古代许多懂得为政的人，都善于运用"劳之"的原则，使得官吏、百姓没有机会耽于逸乐。劳包括了勤劳、劳动、运动许多意义。所谓"君子劳心，小人劳力"。人在辛劳困苦的时候，对人生的体会较多，良善的心性容易发挥出来。不过这是好的一面的看法。另一方面，我们都知道，也有把这个原则反用了的。所以同样一个学问，正反两面如何去用，在乎个人的道德。这个劳同时也包括自己。在个人修养中，一个领导人宁可有困难时自己先来，有劳苦的事自己先做，绝不能自己坐着享受，有困难都让别人去。这样永远带不好人，尤其带部队，打起仗来，就看得更明显。

——《论语别裁》

上知天文，下知地理，中通人事
——一事不知，儒者之耻

古人讲到儒家，认为就是一个有智慧的代表。春秋战国以后，一般都把儒者当成了很高的知识分子，儒家也就自认，是一个读书人什么事情都要了解，否则便认为是耻辱，所谓"一事不知，儒者之耻"。

所以，作为一个真正的知识分子，天下事要无所不知，不但要上知天文，下知地理，还要中通人事，乃至万物的物理都要清楚。达到这个境界便是"知周万物"，智慧周遍了所有的学问。等到一旦出来有所作为，有所作事，便可以"道济天下"。

——《易经系传别讲》

上台终有下台时

——唯大英雄能本色，是真名士自风流

中国文化有两句话："唯大英雄能本色，是真名士自风流。"我们是来自民间的人，就是来自民间，上台之后，以及功名富贵，这一些都是假的，是暂时的。等于这些房子的装潢等等都是假的，一旦把壁纸、胶漆去掉，看到泥巴砖头，那才是它的本色。真的大英雄，上台也好，下台也好，恭维也好，不恭维也好，他总是那个样子，保持他的本色。

再说"是真名士自风流"，古代的风流，近乎现代讲的"潇洒"。一个真正的名士，他本身自然

潇洒，不是做作出来的潇洒；如果能这样做人处世，则"为天下谷"。什么叫作"谷"呢？就是山谷，空灵阔大，能包容许多东西。这个空灵，也就是禅宗六祖所说的，"本来无一物，何处惹尘埃"，胸襟有如此的伟大，山谷一样的空灵。

——《老子他说（初续合集）》

有始有终，就是了不起的人
——久要不忘平生之言

　　一个人要有始有终，就是孔子讲过的，"久要不忘平生之言"。我们有时候慷慨答应一件事，说一句话很容易，不能过了几天，把自己原先讲那句话的动机就忘了。所以孔子说，一个人经过长久的时间，不忘平生之言，讲的话一定做到，有始有终，能做到的话，就是了不起的人了。我们平常读到这一句，不觉得重要，如果人生的经验多了，就晓得"久要不忘平生之言"这句话，是非常难办到的。

　　譬如交朋友，或男女由爱情结成夫妻，过不了多久，都会发生问题，绝对不是最初相爱的那个样子，这就是久而忘记了平生之言。开始的时候可以为你死呀为你活呀，什么都做得到，最后为你半死半活都做不到。人就是会忘记平生之言，所以我们一个人讲一句话，不要轻易说话，更不要轻易发一个动机；因为"保始之征"很难，也就是有始有终很难。

——《庄子諵譁》

千万注意古人的一句话："行到有功即是德"，也就是事到有功即是德。什么是功德呢？必须一切有成果，行为到了，有成果，有功勋，才是真正的功德。譬如有一天和大家一起吃饭，跟同学们谈起，任何一个人做任何一件事，甚至做最起码的一件小事，像抹个桌子清扫室内环境，我们可以反省自己，谁能做到"久要不忘平生之言"这句话？往往是五分钟热度。

也许同学知道我有过分的洁癖，而且还有整齐癖，东西一定要摆整齐。有一次某某教授与另一位教授谈话，在我案头拿了一本便条纸做记录，用完了又放回原位，放得很整齐。他一边放一边战战兢兢地看我，深怕自己放得不整齐。我晓得他平常在家里不是这样做，因为有太太服侍他。当着我的面，惴惴不安，特别要把纸条放整齐，意思是说：这回我总合你的意了吧！结果他放好后，我又把本子拿起来，重新放一次，这下他傻住了。当时有很多长官、客人在座，他不好意思问我，我也不会讲。过了三天他来了，我跟他提起这件事，他说是啊！老师，我晓得在你面前放东西要放得很整齐。我说你放得很整齐没错，那是表面上看起来很整齐，实际上那本便条纸下面有几张折到被压住，你却没有看到，因为你过于小心，眼睛又不断看着我，所以没有注意到下面。

一个人行菩萨道，讲到戒的行为，像这样小的一个动作都不能马虎。"莫以善小而不为，莫以恶小而为之"，这就是戒。我常跟同学们说，我晓得你们很发心，发心是佛家的话，就是一般人说的立志。但是我晓得不到三天，第四天就松懈了，慢慢地不动了。

一个人入世也好，出世也好，一生有没有成就，就看他能不能做到"久要不忘平生之言"。这是非常难做到，因为环境的改变，自己马上变了。变了还找许多理由原谅自己，为自己做解释，结果还觉得自己没有错，错的都是别人，再不然就说这里的环境不好。

——《药师经的济世观》

饭要吃几口才饱，只有自己知道
——知时知量

我们再三讲，道家可以传你口诀，没有办法传你火候。一切都依赖老师是靠不住的，那你永远做不成。火候只有自己去领悟，所谓意会心传，也许你超过老师，工夫火候调整得比他还好。这完全靠个人，不是老师们不教，是没有办法教的。在佛学禅宗的修持，叫作"知时知量"。等于吃饭，要吃几口才饱，只有自己知道，只有自己清楚。

——《我说参同契》

"食不知量"，或者贪嘴乱吃，吃得太多了；或者什么都不吃，十二指肠溃疡、胃出血，饿出毛病来了，都是"食不知量"。做劳动工作的更不能饿，否则一脸乌气，胃要开刀的，所以饮食一定要知时知量，以避免昏沉。

　　"不勤精进，减省睡眠"，心理方面，不勤精进，心理懒惰，睡眠不够，打起坐容易昏沉。这句经文如果看错了，会认为要精进，不要睡眠，那就错了。睡眠的需要量和年龄有关，要知时知量。如婴儿则要十八到二十个小时，十岁左右的孩子需睡十个钟头。现在的小孩子读书，每天六点钟起床赶公共汽车，很晚才睡，从小都在毁坏自己。我非常反对这种家庭教育的生活习性，睡眠已经不够了，加上营养不对，然后又望子成龙、望女成凤，结果什么都成不了，有什么用？所以我经常大声呼吁，现在所有的父母全要重新受教育，这是一个很严重的问题。少年人要多睡眠，老年人一夜睡三五个钟头已经多了，老年人老而能睡并不坏，大多数老年人睡不着的，愈老愈睡得少。少年人可以多睡，但是人太胖而爱睡，那是病，所以饮食与睡眠都要知时知量。

——《瑜伽师地论·声闻地讲录》

书一定要读好才有希望
——由来富贵原如梦，未有神仙不读书

儒家与佛道的关系，我常常提一句话，读书人都爱好仙佛。尤其中国过去的读书人，你查他一生的历史、文章、诗集，都记载有几个和尚道士的朋友，好像不交几个这种朋友，就没有学术地位。就像很多现代人，要认识电视电影明星，才表示自己交际广泛一样。当年想认识和尚道士，是表示自己清高，所以文集诗集里，几乎每一个人都谈到与佛道人士交往的事。知识分子都好仙佛之道，但是知识分子很难修成功，因为学问好，欲望就多，烦恼就大，

叫他放下来打坐修道，想是想，办不到。可是反过来看历代神仙传、《高僧传》，我们却得出一个结论，就是仙佛的学问都很好。所以如清代诗人舒位有句诗说："由来富贵原如梦，未有神仙不读书。"这是真正的名言，青年同学要想学神仙的，书一定要读好才有希望。

我曾经把这个诗第一句改了，写了一副对联送给一个喜欢喝酒的文人朋友，他是富贵中人，所以上一句就改成"由来名士都耽酒"，一般名士都喜欢喝酒的，下一句还是"未有神仙不读书"，因为学神仙许多是爱读书的。

——《我说参同契》

"放下屠刀"的真义
——放下屠刀，立地成佛

中国的老话"有文治者，必有武功"，文武要双全。读书读得好，风一吹就要倒的人，碰到一点小事情哎哟一声大叫，比女孩子还害怕，那就没一点用啦！中国古代的教育，都是文武合一的。大家看中国古代的人物，像孔子呀，孟子呀，没有身上不带武器的。但是有武不用，有功夫不用。很多人学了功夫，一辈子都不用，都没有打过人，这样可以，但是不能没有功夫。"古之聪明睿知，神武而不杀者夫！"人可以有本事，一手可以把天下人的头像切萝卜一样切光，有这么高的本事。但他却是永远慈悲人家，永远是爱人的。有些人认为慈悲就是窝囊，认为我慈悲人家是我窝囊，没有英雄气概，也有人认为那不是慈悲，是没有本事。究竟如何呢？

我们大家都知道，佛家有一句话说"放下屠刀，立地成佛"。大家也都会引用，尤其那些学佛的，更是如此。我说：不要吹牛，你们那个刀呀，连剃头刀都不如，不要说自己看到了刀就怕，连看到太太拿起厨房的切菜刀都会发抖的，你哪里还有资格去拿屠刀呀？放下屠刀是指那些拿着刀砍过许多人头的人，然后忽然不干了，看到那些被杀的太可怜了，慈悲心发，放下屠刀，不再杀人。那是慈悲！你连杀人的本事都没有，说你慈悲放下屠刀？那是胆小人打架说的："你有胆子站在这里不要动，我回去叫我哥哥来，看你怕不怕。"说着就跑啦！那是不行的。

所以说，《易经》这一门学问所代表的中国文化的精神是：有神通而不用，不但不用，还要"退藏于密"，"无思""无为""寂然不动"。尤其无所不知，能知过去未来而"吉凶与民同患"，同普通人一样，非常平凡，这才是得道的人。

——《易经系传别讲》

为什么学坏容易学好难？

——染缘易就，道业难成

"惟精惟一"，这是本身内在修养的工夫了，你心念不要乱，万事要很精到。这个精字解释起来很难，你看到的是精神的精，但什么叫精？我们小的时候读书，同学们讲笑话，什么是精啊？吃了饭就精嘛，为什么？青字旁边一个米嘛，饭吃饱了就精了，这是小时候我们同学讲的笑话，因为精字很难解释。我们都晓得精细，这个讲起来容易明白，"惟精惟一"，修养方面是唯一，心性自己要专一，要是有一点不小心，我们这个心性就容易向恶、向坏的路上走。后来佛学传过来，古代禅师也有两句话，"染缘易就，道业难成"，社会的环境、外界物质的诱惑，容易把我们自己清明自在的心性染污了，一个人学坏很容易，就是"染缘易就"。"道业难成"，自己回过来想求到"惟精惟一"这个修道的境界，很难成功，太难了。这是借用佛学的话，解释我们自己上古传统文化的"惟精惟一"。

——《廿一世纪初的前言后语》

一个人能够常清静，天地的力量会回到你的生命

——人能常清静，天地悉皆归

　　道家有一本经典写得非常好，将近四百个字，叫作《清静经》，你们不管学佛修道的找来念念看。《清静经》可以同佛家的《心经》媲美，但是如果讲学术，对不起，那是仿照佛家《心经》来的。《清静经》上说"人能常清静，天地悉皆归"，一个人能够常清静，天地的力量会回到你生命上来。所以一念清静有如此之重要，比佛家讲的功利一点。佛家讲了半天空啊，好像我们做生意一样，谁愿意抓空的！道

家很会诱惑人，他不做蚀本的生意，"天地悉皆归"，
一投资就一本万利，这还不干吗？！

——《我说参同契》

个个都会讲，人人做不到
——诸恶莫作，众善奉行

我常常告诉大家，最初的就是最高的，所谓最高的就是最基本的，最基本的不对的话，什么都错了。所以学佛修道要讲道德行为，就是诸恶莫作，众善奉行。非常简单的两句老古话，个个都会讲，人人做不到。如果第一步不对，以后修了半天还是不对，你这个中心基本不打好，想求到最高深的成就是不可能的。

讲到底，佛法的基本道理只有四句话："诸恶莫作，众善奉行。自净其意，是诸佛教。"每次念到这四句话，我个人都会感到惭愧，能够做到多少，实在是没把握。"诸恶莫作"已经太难了，这还是消极地行善；"众善奉行"是积极地行善，真菩萨行一定要做到。前两句是讲外在的行为现象，第三句"自净其意"是讲内在，是根本的道。

"自净其意"不是自空其意，净不等于是空，意念做到了一切皆空还只是小乘罗汉境界，落在一边。在禅宗讲就是"担板汉"，只看到空，没看到有。如果一动念，空的清净境界没有了，那不算是真定。菩萨的戒定慧就在做人做事当中，乃至上入天堂，下入地狱，念念都在定中，不怕起心动念。因为起心动念的念头是净的、至善的，也等于《大学》所说的"止于至善"。

前三句都做到了，就什么经典也不用研究了，那就是佛法了。所以第四句说"是诸佛教"。

唐代诗人白居易，别号香山居士，所以也称他为白香山，是个学佛的人。白居易在政途上是受过几次挫折的，有一次他被贬为杭州太守。当时有功名的人都喜欢在中央做官，外放到地方做官是降级。现今西湖还有两条堤，其中一条叫白堤，就是他当太守时修的，堤上一株杨柳夹一株桃树。另外一条堤叫苏堤，是苏东坡被贬到杭州时修的，也是一株杨柳夹一株桃树。西湖之美，与他们二人当地方官时所作的建设，都有关系。

当时杭州有一位有道的和尚，他本名已经没人知道了，大家只叫他鸟窠禅师，因为他在山崖上铺了草像个鸟窠一样，人就坐在上面打坐。白居易是地方行政首长，听闻有这么一位和尚，就上山去看他。参拜了之后，白居易就求鸟窠禅师指点一条佛法修行的明路。鸟窠禅师说，很简单，就是"诸恶莫作，众善奉行"。

白居易一听不过如此，就说这道理连三岁的孩子都知道，鸟窠禅师回答说，可是八十岁的老头还做不到啊。白居易听了非常佩服，立刻向鸟窠禅师顶礼。

白居易讲的也是实话，我们从小受的教育就是如此，哪有老师教学生去做坏事的？像我常讲一个故事，多年以前，我的孩子还很小，我一天到晚忙得不得了，有天很累了，想睡一下，就交代孩子如果有客人来，就说我不在。后来有客人来了，孩子对人家说，我爸爸在睡觉，叫我说他不在家，这个客人听了就直接进房中找我了。这个不能怪孩子，因为我们教他不能说假话，就这么个例子，可以看出来善恶之间多难处理。

——《维摩诘的花雨满天》

人生的奢与俭

——从俭入奢易，从奢入俭难

　　孔子说，人生的修养，"奢则不孙"。这个奢侈不止是说穿得好，打扮漂亮，家庭布置好，物质享受的奢侈。是广义的奢侈，如喜欢吹牛，做事爱出风头，都属于奢侈。奢侈惯了，开放惯了的人，最容易犯不孙的毛病，一点都不守规矩，就是桀骜不驯。"俭则固"，这个俭也是广义的。不止是用钱的俭省，什么都比较保守、慎重、不马虎，脚步站得稳，根基比较稳定。以现代的话来说就是脚跟踏实一点。他说"与其不孙也，宁固"，做人与其开放得过分了，还不如保守一点好。保守一点虽然成功机会不多，但绝不会大失败；而开放的人成功机会多，失败机会也同样多。以人生的境界来说，还是主张俭而固的好。同时以个人而言奢与俭，还是传统的两句话："从俭入奢易，从奢入俭难。"就像现在夏天，气候炎热，当年在重庆的时候，大家用蒲扇，一个客厅中，许多人在一起，用横布做一个大风扇，有一个人在一边拉，扇起风来，大家坐在下面还说很舒服。现在的人说没有冷气就活不了。我说放心，一定死不了。所以物质文明发达了，有些人到落后地方要受不了，这就是"从奢入俭难"。

——《论语别裁》

我们要知道，古代一个世家公子，可不那么简单。据我所了解，有些朋友因家庭出身不同，吃的穿的硬是很讲究。有一位朋友，年纪相当大，名望地位也很高。他托人买一件汗衫，因为是老牌子，找遍了中国香港、英国，后来在香港一个老店才买到，价钱非常贵。代买的人也买了一件，穿起来的确舒服。这位先生对日常生活，就是如此考究。他也有他的理论：没有钱宁可不买，要买就要买好的。譬如皮鞋，一双好的皮鞋，又舒适，又漂亮，又牢固，可以穿两三年。花两百元买一双普通皮鞋，几个月换一双，计算下来，花的钱一样，既不舒服，又不好看。皮鞋如此，其他也是一样。这就知道，世家公子的习气，确是不同，由此也就了解到人生，所谓"从俭入奢易，从奢入俭难"。一个穷小子出身，渐渐环境好了，自然会奢侈起来，这种习惯容易养成；用惯了以后，一旦穷了，再要想俭省，就困难了。

——《论语别裁》

人生处世的时与位

——达则兼济天下，穷则独善其身

　　《易经》上告诉我们两个重点，科学也好，哲学也好，人事也好，做任何事，都要注意两件事情，就是"时"与"位"，时间与空间，我们说了半天《易经》，都只是在说明"时"与"位"这两个问题。很好的东西，很了不起的人才，如果不逢其时，一切都没有用。同样的道理，一件东西，很坏的也好，很好的也好，如果适得其时，看来是一件很坏的东西，也会有它很大的价值。居家就可以知道，像一枚生了锈又弯曲了的铁钉，我们把它夹直，储放在一边，有一天当台风过境半枚铁钉都没有的时候，结果这枚坏铁钉就会发生大作用，因为它得其"时"。还有就是得其"位"，如某件东西很名贵，可是放在某一场合，便毫无用处，假使把一个美玉的花瓶放在厕所里，这个位置便不太对，所以"时"、"位"最重要，时位恰当，就是得其时、得其位，一切都没有问题。相反地，如果不得其时、不得其位，那一定不行。我们在这里看中国文化的哲学，老子对孔子说："君子乘时则驾，不得其时，则蓬蔂以行。"机会给你了，你就可以作为一番，时间不属于你，就规规矩矩少吹牛。孟子亦说："穷则独善其身，达则兼济天下。"这也是时位的问题，时位不属于你的，就在那里不要动了，时位属于你的则去行事。

——《易经杂说》

真有学问，就不怕没有前途

——谋道不谋食，忧道不忧贫

子曰：君子谋道不谋食。耕也，馁在其中矣。学也，禄在其中矣。君子忧道不忧贫。

我们大家都习惯地会说"君子谋道不谋食"、"君子忧道不忧贫"，原文就是孔子说的。说一个真正有学问，以天下国家为己任的君子，只忧道之不行，不考虑生活的问题。比如耕种田地，只问耕耘不问收获。好好地努力，生活总可以过得去，发财不一定。只要努力求学问，有真学问不怕没有前途、没有位置，不怕埋没。谋道不谋食，忧道不忧贫。是很好的格言，人生的准则。

——《论语别裁》

不要把任何事看得太简单

——如临深渊，如履薄冰

冬天黄河水面结冰，整条大河可能覆盖上一层厚厚的冰雪。不但是人，马车牛车各种交通工具，也可以从冰上跑过去，但是千万小心，有时到河川中间，万一踏到冰水融化的地方，一失足掉下去便没了命。古人说："如临深渊，如履薄冰"，正是这个意思。做人处事，必须要小心谨慎战战兢兢的。虽然"艺高人胆大"，本事高超的人，看天下事，都觉得很容易。例如说，拿破仑的字典里没有"难"字。事实上，正因为拿破仑目空一切，终归失败。如果是智慧平常

的人，反而不会把任何事情看得太简单，不敢掉以
轻心；而且对待每一个人，都当作比自己高明，不
敢贡高我慢。

——《老子他说（初续合集）》

我们看社会上许多小人物，一旦死了，他这一
生到底是好人，或者是坏人，我们到殡仪馆中去仔
细推详看，也很难断定。

所以曾子特别提出来，一辈子做人都"战战兢
兢"。战战是发抖的样子，兢兢就是脚都不敢踩实
的样子。"如临深渊"，好像站在悬崖边缘，脚下是
万丈深潭，偶然一不小心，就是"一失足成千古恨"
了。"如履薄冰"，初冬刚结薄冰，或早春要解冻时，
走在河面上，要有功夫、有本事，一个疏忽，掉下
去就没命。做人一辈子，要想修养到死都没有遗憾，
如孟子所说"仰不愧于天，俯不怍于人"，实在是伟
大功夫。

人骗人是常事，最妙的是人还都喜欢骗自己。可

是到了自己要死的时候，仍骗不过自己。要想做到对人内心没有亏欠，就"如临深渊，如履薄冰"了。

——《论语别裁》

究竟什么叫作"礼"？

——毋不敬，俨若思

大家晓得中国文化有一部最根本的书籍——《礼记》。这部《礼记》，等于中华民族上古时期不成文的大宪书，也就是中华文化的根源，百科宝典的依据。普通一般人都以为，《礼记》只是谈论礼节的书而已，其实礼节只是其中的一项代表。什么叫作"礼"？并不一定是要你只管叩头礼拜的那种表面行为。《礼记》第一句话："毋不敬，俨若思"，真正礼的精神，在于自己无论何时何地，皆抱着虔诚恭敬的态度。处理事情，待人接物，不管做生意也好，读书也好，随时对自己都很严谨，不荒腔走板。"俨若思"，俨是形容词，非常自尊自重，非常严正、恭敬地管理自己。胸襟气度包罗万物，人格宽容博大，能够原谅一切，包容万汇，便是"俨兮其若容"，雍容庄重的神态。这是讲有道者所当具有的生活态度，等于是修道人的戒律，一个可贵的生活准则。

——《老子他说（初续合集）》

为何古来圣贤皆寂寞？
——君子有所为，有所不为

　　真正为学问而学问，"君子有所为，有所不为"，该做的就做，不该做的杀头也不干，所谓"仁之所至，义所当然"的事，牺牲自己也做，为世为人就做了，为别的不来。因此为学问而学问，就准备着一生寂寞。我们看历史——即看孔子就知道。孔子一生是很寂寞的，现在到处给他吃冷猪头，当年连一个"便当"也吃不到。但是他没有积极去求富贵。怎么知道这一套他不来呢？因为他明知当时有拿到权位的可能，乃至他的弟子们也要他去拿权位。因为孔子时代中国人口只有几百万，在这几百万人中，他有三千弟子，而且都是每一个国家的精英，那是一股不得了的力量。所以有些弟子，尤其是子路——这个军事学的专家，几乎就要举起膀子来："老师，我们干了！"那种神气，但是孔子不来。为什么呢？他看到，即使一个安定的社会，文化教育没有完成，是不能解决其他问题的。基本上解决问题是要靠思想的纯正，亦即过去所谓之"德性"。因此他一生宁可穷苦，从事教育。所以做学问要不怕寂寞、不怕凄凉。要有这个精神，这个态度，才可以谈做学问。

——《论语别裁》

礼是干什么的？

——礼之用，和为贵

　　有子的话"礼之用，和为贵"，这等于礼的哲学。礼是干什么的？是中和作用，说大一点就是和平。这也就是礼的思想。人与人之间会有偏差的，事与事之间彼此有矛盾；中和这个矛盾，调整这个偏差，就靠礼。那么法律也就是礼的作用，法律的原则之下，理国乃至办事的细则，就是礼的作用。假如没有礼，社会就没有秩序，这怎么行？

所以人与人之间要礼，事与事之间要礼，而礼的作用，"和为贵"，就是调整均衡。

——《论语别裁》

小心而不小气
——三思而后行

　　季文子三思而后行。子闻之曰：再，斯可矣！
季文子姓姬季孙氏，名行父，谥文，是鲁国的大夫。
做事情过分地小心，过分地仔细。"三思而后行"，
一件事情，想了又想，想了又再想叫"三思"。孔子
听到他这种做事的态度，便说："再，斯可矣！"这句
话有两种解释，从前老学究们的解释认为："做事情
要特别小心，孩子们，想三次都不够，孔子说'再，
斯可矣！'还要再想一次哪！"这种解释是不对的。
其实，孔子认为他想得太多。做人做事诚然要小心，

但"三思而后行"，的确考虑太多了。学过逻辑就知道，学过《易经》的道理更懂得。世界上任何事情，是非、利害、善恶都是相对的，没有绝对的。但是要三思就讨厌了，相对总是矛盾的，三思就是矛盾的统一，统一了以后又是矛盾，如此永远搞不完了，也下不了结论的。所以一件事情到手的时候，考虑一下，再考虑一下，就可以了。如果第三次再考虑一下，很可能就犹豫不决，再也不会去做了。所以谨慎是要谨慎，过分谨慎就变成了小气。大家都有几十年的人生经验，过分小心的朋友，往往都犯了这个小气的毛病，小气的结果，问题就多了。所以孔子主张，何必三思而后行，再思就可以了。

——《论语别裁》

南怀瑾 讲述
南怀瑾文教基金会 编

南怀瑾讲中国老话

外用篇

人民东方出版传媒
People's Oriental Publishing & Media
东方出版社
The Oriental Press

目录

明辨之法

处世之方

经纶之道

怀旧曲

———

骚

之

终

始

———

夫妻之间，相保也有困难
——妻共贫贱难，夫共富贵难

我们这些男子们，所谓"男子汉，大豆腐"，碰到没有办法的时候，是很为难的。所以社会上有句名言，"妻共贫贱难"，古人说"贫贱夫妻百事哀"。但是另外有一句"夫共富贵难"，两个人结婚的时候穷得不得了，到了中年慢慢发达了，男人有钱有地位了，对不住，大概花起来了。本地有一句话叫"老来花"啦！那时夫妻共富贵就难了。不过现在的社会不同哦！男女都一样，共贫贱不容易，共富贵更难。据我所了解，现在社会家庭，许多中年以上的夫妇

都各管各的了，这种家庭问题、社会问题太多太多。过去的社会，夫妇的问题是出在少年，现在家庭出问题是中老年的时候，社会情况不同了。

——《列子臆说》

唐人元稹的诗中曾叹道："贫贱夫妻百事哀"，其实，就是夫妇之间，相保也有困难。我们民间有两句俗语说："妻共贫贱难，夫共富贵难"，一个女人如果嫁一个穷丈夫，是很难和这位穷丈夫共患难的。相反地，一个男人到了中年以上，发财以后，一有功名富贵成就，就会打主意娶小老婆或者金屋藏娇了。现代还有所谓"午妻"出现，都是"夫共富贵难"的现象，这也是人之常情。再由人情而关联到政治权力上，就成了利害祸患问题。感情、道义，一走到权力利害的关键点，往往感情与道义都崩溃了，历史上这种事例非常之多。

——《孟子旁通（下）》（离娄篇）

夫妻吵架，要不要劝？

——疏不间亲

　　古人说的"疏不间亲"，夫妻吵架，兄弟之间闹家务，第三者绝不能讲话，讲话是最笨的事。

　　我有一个经验，年轻的时候很热情，有两夫妻刚刚结婚，都是我的朋友，结果两个人吵架，都跟我埋怨对方。我想让他两夫妻讲和，跟男的讲，你不要听她的，她就是脾气坏；然后告诉女的，我那个同学好讨厌，你不要理他，过一两天就好了。

　　结果他们到了晚上，两夫妻就和好了，然后说

某人讲你坏耶！那样啊！这样啊！弄得我猪八戒照镜子，两面不是人。这个道理就是"疏不间亲"。

——《列子臆说》

经营夫妻关系的秘诀

——相敬如宾

我们都有朋友，但全始全终的很少，所以古人说："相识满天下，知心能几人？"到处点头都是朋友，但不相干。晏子对朋友能全始全终，"久而敬之"，交情越久，他对人越恭敬有礼，别人对他也越敬重；交朋友之道，最重要的就是这四个字——"久而敬之"。我们看到许多朋友之间会搞不好，都是因为久而不敬的关系；初交很客气，三杯酒下肚，什么都来了，最后成为冤家。

讲到这里，我们想到中国人的夫妇之道——"相

敬如宾"。宾是客人，对于客人无论如何带几分客气，如果家人正在吵架，突然来了客人，一定暂行停战，先招待客人，也许脸上的怒意没有完全去掉，但对客人一定客气有礼。夫妇之间，在最初谈恋爱时，西门町电影院门口等了两小时，肚子里冒火，对方来了，还是笑脸迎上去，并且表示再等两小时也没关系。如果结了婚，再这样等两小时，不骂一顿才怪！因为是夫妇了嘛！所以夫妇之间，永远保持谈恋爱时的态度——相敬如宾，感情一定好。不但夫妇如此，朋友也如此。扩而大之，长官对于部下，部下对于长官，也是这个道理。

——《论语别裁》

做父母的会不会偏心？
——皇帝爱长子，百姓爱幺儿

我要跟你们讲，教育孩子是很困难的。我做过父母，也做过儿女，而且我受的教育啊，由旧的家塾读书到新式的小学、大学、军事学校，文的、武的，这些教育我都受过，也都教过，经验太多了，深有体会，真正的教育在反省自己，孩子的缺点就是父母的缺点。

还有，做父母的有没有偏心呢？你们没有，你们只有一个孩子嘛，多几个孩子试试看？父母肯定会偏心，所以古人说，"皇帝爱长子"，做皇帝，做

有权力的老板，事业成功者，都喜欢寄望大儿子能够继承；"百姓爱幺儿"，普通家庭的老百姓，喜欢最小的孩子，不管是男的女的，最爱的是这个最小的。这是做父母的普遍心理，这里头的学问大得很。

你读历史，汉朝、唐朝为什么兄弟会来抢位子，争权夺利，互相杀害？是教育呢？还是人性呢？所以我说教育无用，教育改变不了人，人只有自己改变自己。这也告诉你们做家长的，不要寄望后代，那是幻想。你怎么样培养孩子呢？把自己的孩子看成别人的孩子，把别人的看成自己的孩子，要孩子能认识到自己的缺点，并且改过来，等等。所以如何培养孩子，让他平安地过一生，虽是很重要的，但也全靠孩子自己了。

——《廿一世纪初的前言后语》

被误解了千百年的观念

——不孝有三，无后为大

　　人生的幸福，最幸福的是父母尚存，上有父母，旁有兄弟姊妹，和睦康乐，这是人生最快乐、最幸福、最健康的家庭、社会、精神心理生活。

　　人生得到如此健康的精神生活，便没有什么事可以令人厌恶、灰心了，一切都处于这种乐观、健康的心理状态之中。倘使人人如此、家家如此，则天下太平。人人处在如此快乐的境界中，都会不知不觉地手舞足蹈，从内心流露出真正的快乐，而形诸于举止之间。

儒家孔孟之道提倡孝道的理由，就是为了建立家庭健康、社会健康、人类健康。所以孟子说，不能事亲、不能从兄，是二不孝，再加上一个无后，不能延续民族的命脉，是为三不孝。对于无后这一点，在现代看来也有问题。因为孟子以后有好些人为了有后而多娶妻妾，可是娶得越多越生不来孩子。

对于这一点，我稍有不同的看法。我们且读孔子所述、曾子所著的《孝经》，对于真正后代的解释，是指功在国家，功在社会，功在人类，垂名于万代，这才是有后，也是大孝。相反地来说，一个人活了一辈子，死后默默无闻，与草木同朽，统统是不孝。

这是我对"无后"的看法，是否对，大家不妨试作深入的体会。最重要的，希望不要误解"不孝有三"的三件事，要"事亲""从兄"，无兄弟姊妹则为"守身"。不能说不去做官发财就是不孝。前面孟子刚说过"事孰为大？事亲为大。守孰为大？守身为大"，古人偏偏要在"不孝有三"上去乱作解释，害得我们的文化一千年来走错了路。对于"无后"，

我认为我的解释比古人更对。试看历史上，许多名垂万代、功在天下国家的人，或有一句名言留在后世被人效法的，这都是"有后"。而有些人，虽威赫一时，但到年纪老时，死前已经默默无闻成为过去，那算什么"有后"呢？

所以，我常说事业分两种，上自皇帝下至乞丐，那是职业，而不是事业。中国文化对事业的定义，孔子已经下了，"举而措之天下之民，谓之事业"。不管做什么事业，在家也好，出家也好，甚至像以前山东以讨饭兴学的乞丐武训也好，只要所做的事情对国家社会有贡献，使老百姓得到平安、益处、康乐，才叫作事业。现在一般人都弄错了，把职业当做了事业。事业又分两种，一是现实人生的事业；而孔孟、释迦牟尼，乃至于西方的耶稣，所做的都是千秋万代的事业。在太阳没有毁灭以前，他们的文化思想、他们的行为，将永远影响人世，这就叫作"有后"。

——《孟子旁通（下）》（离娄篇）

教育孩子，也和用兵一样
——置之死地而后生

子曰：爱之，能勿劳乎？忠焉，能勿诲乎？这句话有关于教育，也有关于个人修养。真爱一个人，如爱自己的孩子，不能溺爱，太宠爱了就害了他。要使他劳，这个劳并不一定使他去劳动，要使他知道人生的困苦艰难。前天一位富有的朋友，他有个孩子很好，很乖，他说预备将孩子送到南部一家工厂做工，我非常赞成。在我们看来，像他这样的家庭，无论怎样好的教育，生活环境是太舒服了，弄不好会害了这孩子的一生。教育和《孙子兵法》一样，"置

之死地而后生"，硬要想办法使他受苦，使他知道困苦艰难。以这种道理，就能理解"爱之，能勿劳乎"这句话，也可以理解人生。其次，不管部下或朋友，即使对自己很忠实，但不要仅仅喜欢他的忠实，还要教育他、培养他。

我们这一代的儿女，再好也有问题存在。主要地，他们在此时此地长大，安安定定，由小学读到大学，父兄尽管穷，他们的学费和零用钱总有得用的，他们哪里真能晓得世事艰难？所以说要在痛苦的环境中施予教育，像训练国家的军人一样，必要置之死地而后生，他才能真正知道人生、社会、国家、民族的重要，将来也许他会有远大的成就。

——《论语别裁》

我经常告诉朋友们，你的孩子太聪明了，教育上要小心。现在许多家庭的父母，看见自己的孩子聪明，便高兴得很，拼命去培养。实际上，教育孩子和种一棵好花一样，一棵好的花苗，如果肥料用

得太多，浇水过勤，反而害了这个好花苗。教育的道理，也和用兵一样，"置之死地而后生"，要经过艰难困苦，他才能站得起来；好的环境长大，成绩单上的分数非常好看，但这在将来的事业上等于零。幼年的聪明和成绩单，并不等于能做事，能创业。所以千万要注意，大器固然晚成，到底成个什么，就看小时候的教育了。

——《老子他说（初续合集）》

溺爱是害，要让孩子知道人生的艰苦

——前世不修，生在徽州，十二三岁，往外一丢

我的经验告诉你们，对孩子们不要这样溺爱，举一个小的例子给你们听。中国商业发展到今天，在历史上有名的大商人，一个是晋商，山西的票号很有名，第二个是安徽的徽商，扬州是安徽徽商的天下。从古代到现在，徽商对文化、工商业发展的贡献，可说是第一位。你们没有研究，也没有看过这类书籍，中国有十大商帮。讲到做生意，徽商是第一，晋商第二，宁波是近代的，江南有龙游商帮，广东有广东

商帮等，这十大商帮大大影响了中国的经济。安徽的人不止对经济财经的发展有贡献，对中国文化也有贡献，尤其是安徽的妇女。你们家长之中妇女很多，我常讲中国文化能够维系五千年，是靠家里有一个好太太，有个贤妻良母，不是靠我们男人。现在我简单跟你们讲一个例子，就是安徽妇女的贞节牌坊。贞节牌坊以前在中国是了不起的，现在留下来的在安徽最多，家庭中的妇女为中国文化挑起了担子。

说到安徽人，我们经常说笑话。我的朋友很多，各地都有，看到湖北人，哦！你是九头鸟啊！开玩笑的，九头鸟不是骂人，是讲湖北人了不起（因为明代有个时期出了八九个耿直的大臣）。我说十个九头鸟抵不过一个江西老表，十个江西老表抵不过一个九江老，十个九江老抵不住一个安徽老母鸡。这是讲笑话，但民间的笑话是真话。

他们安徽朋友告诉我，安徽人很辛苦啊，对自己出身很感慨。你们注意听，重点在这里——"前世不修，生在徽州，十二三岁，往外一丢"，古代的孩子

是这样，父母对孩子用心培养，忍心把十二三岁的孩子送出来当学徒，绝没有像我们现在父母对孩子这样溺爱。我们当年也是这样。像我十九岁离开家，十年后抗战胜利才短期回家，以后再没有回去过啊！也没有靠兄弟父母朋友的帮忙，都是自己站起来的。一个孩子要自立，只要希望他有一口饭吃，不要做坏事，出来做什么事业是他的本事与命运。

——《廿一世纪初的前言后语》

爱孩子，要把握尺度
——恩里生害

现在讲爱的教育，中国古文有一句话，"恩里生害"，父母对儿女的爱是恩情，可是"恩里生害"，爱孩子爱得太多了，反过来是害他不能自立了，站不起来了。

现在没有时间，简单明了四个字，"语重心长"。你们不是要读古书吗？教孩子们读经，你们自己先要会。我以前讲话，只要说我这一番话是"语重心长"四个字就完了，不要说那么多。话讲得很重，很难听，我的心都是对你们好，希望你们要反思。并不

是叫你们不要爱孩子，哪一个人不爱自己的儿女啊！我也子孙一大堆啊！我让他们自己站起来。

大家晓得我的孩子有在外国读书的，有一个还是学军事的，是西点军校毕业。不是我鼓励他，也不是我培养他，他十二岁连 ABC 也不认得就到美国去了，最后进入军事学校。他告诉我："我不是读军事学校啊，我是下地狱啊！"我就问他说，那你为什么要考进去呢？他说："爸爸啊，我离开家里时向祖宗磕了头，你不是说最好学军事吗？我就听进去了。街上的西点面包很好吃，所以我就想到读西点军校。但是好受罪啊！"没有办法，他也是自立的啊！要靠自己努力出来的。

——《廿一世纪初的前言后语》

恩里就生害，害里就生恩。譬如父母教育孩子、骂孩子很痛苦，但是等他长大了，才知道你这打、你这骂对他多有用处。用痛苦磨炼人的教育，虽然当时他恨得要命，过后他会越想越对，就是害里生恩。

现在你们教育孩子用西洋化的教育方法，我绝对不赞成，处处将就孩子，统统把青年人害了。所以现在青年人没有几个有用处的，都是在温室里养的，"生于深宫之中，长于妇人女子之手"，终究很难有大用处。

二十年前我就讲过，现在我们的教育，第一流的家庭是末等的教育。夫妇都是知识分子，都去工作了，孩子托给佣人照顾，再不然请个保姆，那个保姆的知识程度，未必超过孩子的妈妈，保姆是没有办法才来做保姆嘛！结果呢？你第一等的家庭给孩子实施了末等的教育，造成了今天教育的问题、社会的问题。所以今天的教育没有什么可谈的，要谈教育，所有的妈妈都要先回到幼稚园去再教育才行。这不是我在说笑话，我们的教育的确很有问题。

所谓刚柔的问题就是这样，恩里生害，害了孩子的一生；害里生恩，所以要置于死地而后生。但是有时候太刚也不行，太柔也不行。要刚柔相济，恩威并用，才是"立本者也"。不过虽然知道刚柔相济，

恩威并用，还要懂得"变通"。"趋时"是把握时代，所以"变通者，趋时者也"。"变通"是把握时代的，如果不把握时代，只认为《易经》才是文化、才是学问，其他世界的一概不管，那又完啦！所以，孔子是圣之时者也！"时者"，就是懂得把握时代。

——《易经系传别讲》

西方教育方法讲爱，但教孩子不能完全单纯靠爱心哦！我们的古书里有一句话要记得，四个字，"恩里生害"，父母的恩情就是爱，过分的恩情，过分地爱孩子，反而会害了孩子。该严厉的时候严厉，不严厉的时候用爱，这是讲齐家的道理，有诚意、有正心。我想告诉诸位，不管是做家长还是做老师的，都不要过度偏向于爱的教育，也不要偏向严厉，而是要先检点自己，反省自己，这个就是大学之道，"致知在格物"。

——《廿一世纪初的前言后语》

父母须要懂孩子的禀赋
——知子莫若父

我认为古今中外的教育，大部分都犯一个错误，父母往往把自己一生做不到的愿望，下意识的寄托在孩子身上，可是却忘记了自己子女的性向与本质。

做父母的应当思考，如何正确地培养与辅导孩子，让他们成人立业。如果只是一味地要求读书、考试、上进，希望出人头地，是极大的错误观念。这样爱孩子，其实只会害了他们。

我简单明了告诉大家，《大学》上说"人莫知其子之恶，莫知其苗之硕"，父母对儿女有偏爱，所以

只看到他的优点，而不晓得他的缺点。我们做父母的，要注意这两句古圣先贤的告诫。但是古人有另一面的说法，叫作"知子莫若父"，指出很重要的教育重点，是父母须要懂得自己子女的禀赋性向，因为老师和别人不见得真正全盘了解每一个学生。现在父母对孩子们的教育，只是过分宠爱关心，反而对子女的禀赋性向都没有深切关注。

我个人的经验，看了古今中外，全人类几乎都一样，都会犯这个错误，不过外国人好一点，中国现在这一代太过分了。

——《廿一世纪初的前言后语》

父母和孩子之间，最容易破坏感情的一件事

——父子之间不责善

孟子所说的"父子之间不责善"这句话，千万要记住。父子之间不可要求过多。这个"责善"的"责"，就是责备求全的意思，"不责善"也就是不要过分求好。例如子女升学，参加联考，为父母的就要采取"考得取最好，考不取也没关系"的态度。现代的学生们，为了应付联考，被老师、家长逼得拼命死背，什么历史、地理，一概死背，"浙江！浙江！福建！福建！"背是背熟了，联考是考取了，结果到

了金门他还不知道已经到了福建，也不知道马祖是福建省连江县的一个岛屿。

许多眼前的例子，都证明孟子这句话的道理。但也有许多为人父母者，犯了这个"责善"、过分要求的错误。犯得还很深，这千万要注意。

父子之间如果责善，就会破坏感情，就会有嫌隙。孝道要建立在真感情上才会稳固。父子之间能像好朋友般相处的很少；试看生物界，飞禽也好，走兽也好，子女长大了以后，就各走各的。人为生物之一，本性上也是如此。由此可知，父母对于子女的责任，只是把子女教育成人，使他们能够站得起来，有了自己的前途，父母也就完成教育的责任了。至于子女以后对父母怎样报答，那是子女自己的事情，也不必存什么希望。再见吧！人生本来就是如此的。

父子之间一责善，问题就大了，这是一方面；在另一方面，万一遇到坏的父母呢？也同样地，子女不可以对父母责善，不可过分要求父母。

——《孟子旁通（下）》（离娄篇）

真正影响孩子一生的，是人格教育
——黎明即起，洒扫庭除

你看我们那个时候的人格教育，家里书房里贴了一张纸，画了线条，有一百个框框，有些是三十个框框，一张一张放在上面，叫什么？功过格。每天自己读完书了，爸爸坐在后面说：想一想，有没有错？自己想想：有，拿起黑笔来在框框里点个黑点。有什么好事吗？有，某某人没有橘子吃，我送一个橘子给他，在框里点个红点，算一件好事。每天的思想行为，好的点红的，坏的点黑的，给自己看，这个叫功过格，我们是这样来的。

《朱子（柏庐）治家格言》影响中国三百多年到现在，全中国老百姓都受到影响。我可以说，清朝统治了四万万中国人近三百年，靠什么？靠这一篇，大家没有发现。这一篇文章是什么人做的？明末的朱柏庐。请问他是人民大学还是北大毕业的？还是复旦？或是上海还是苏州哪个中学的？什么都不是，他是"诸生"，诸生是什么？一般的读书人。他因为满族入关了，父亲也死了，不愿意做亡国奴，所以不出来，在家里好好做学问。可是呢，清朝也没有利用他，中国人自己接受流传了他这篇文章。

你们看："黎明即起，洒扫庭除，要内外整洁；既昏便息，关锁门户，必亲自检点。"我今年九十了，受这个教育的影响多大，你问他们，他们几个同学跟着我的，每天晚上我自己亲自转一圈，窗户关好了没有？门有没有锁好？变成习惯了，不去看不放心。这是当年八九岁时候受的教育，"关锁门户，必亲自检点"。

——《漫谈中国文化》

我们晓得，今天世界上的领导人，不论是政治上、工商业或社团的领导人，最重要的必须要研究心理行为，心理行为是今日领导人必修的课程。真正讲心理领导的人，就要进一步研究佛学的唯识与这些佛所说的心理病态，而且这已经变成最新的科学了。其实世界上没有一样学问是新的，都是旧的，只是创了一些新名词，写了一些新理论，至少我看了觉得好笑，只不过换了一个名词，就蒙蔽了现代人。假如拿佛法所讲的这些病态来研究人的心理行为，尤其是研究领导心理学的必须要知道。至于讲做人修行，这里每一条都是戒条，应该天天念的。现在你们在座的年轻人，五十岁以下的大都不清楚，讲中国文化，过去我们小时候念书，最早背的是《昔时贤文》，我们七八岁就念得相当顺口了，一辈子做人都用得着。

　　其次，我们小时候念书，先背《朱子治家格言》，不但会背，像我所受的家庭教育，父母管得严，再冷的天也要叫起来扫地、扫雪，手都冻得发

肿，非做不可，所谓"黎明即起，洒扫庭除"硬是要做到。

另外有一本书也很重要，每个读书人案头都有一本《太上感应篇》。换句话说，我们以前念这些书，好比你们现在念的公民道德的课，都是必须读的。

我跟几位老朋友、老教授谈，我们当年所受的这些教育，一辈子无法忘记。我们那个时候，最差的人做得再差也还有个标准，这个标准就是在这些基础上；拿学佛做人来讲，这些就是标准。

——《**药师经的济世观**》

为人父母时，体会才更深

——养子方知父母恩

父母爱子女算不算慈悲呢？当然算，那该叫爱还是叫慈悲，就随便你叫了。父母爱子女是无条件的。有人问孔子什么叫孝，孔子答："父母唯其疾之忧。"这好像牛头不对马嘴，他是说了解父母亲看到子女生病的那种心理，就是孝道。我从小到十一二岁之前一直在多愁多病中，看到花落了都会哭一场，一到了热闹地方也掉眼泪。当然后来就没这回事了，我反省起来，父母照应我够痛苦了，到了自己为人父母时，体会更深，"养子方知父母恩"啊！孔子的

回答要你当了父母才会懂，你了解了父母那种担忧痛苦的心理，能同样用这种心理回转来照应父母，就是孝道。

——《维摩诘的花雨满天》

怎样才是真正的善人？

——积阴德于子孙

　　这里子张问怎样才是善人，孔子的答复"不践迹，亦不入于室"，先照字面上解释，不踏一丝痕迹，也不进入房门，走进屋内。如果照字面这样解释，做善人最好连太太房间都不要进去了。这是作笑话讲。怎么叫"不践迹"呢？这个问题我们可以借用道家中庄子所说的"灭迹易，无行地难"来加以理解。古人的文字太简单，解说起来又很讨厌。我们只作这样的解释：小偷去行窃，可以戴上手套，手印指印都不留下来，使刑警没有办法侦查，这就是

"灭迹"，没有痕迹了。但"无行地难"，人毕竟要靠地来走路，完全不靠地面而能走路，这是做不到的。譬如刚才说小偷把他自己的形迹灭掉容易，但什么是小偷的行地？凡是小偷，只要静下来的时候，心里就会想到，自己偷过东西。这种内心的行地要去掉，就办不到。做了坏事，可以骗遍天下人，但没有办法骗过自己，这就是"灭迹易，无行地难"。

由此可知孔子这里的"不践迹"，就是说做一件好事，不必要看出来是善行。为善要不求人知，如果为善而好名，希望成为别人崇敬的榜样，这就有问题。

"亦不入于室"，意思是不要为了做好人，做好事，用这种"善"的观念把自己捆起来。正如我刚才所说的效法儒家的那个同学，站就立正，坐就端坐，点头也不敢稍稍随便，就是被礼捆住了，没有脱落形迹。不要用心守着善的观念。何必为自己树个"好人"的招牌！所以中国人讲究行善要积阴德。别人看不见的才是阴，表面的就是阳化了。不要在人家看

见时才做好事，便是阴德。帮忙人家应该的，做就做了，做了以后，别人问起也不一定要承认。这是我们过去道德的标准，"积阴德于子孙"的概念，因此普遍留存在每个人的心中。

——《论语别裁》

父母要儿女做孝子，父母本身要健全

——父慈子孝

"凡知则死之，不知则弗死，此直道而行者也"，这是《列子》的评论，中国文化都是相对的，如"君礼臣忠"，如果当领袖的对部下有礼、爱护，部下就对他忠心；"君不礼则臣不忠"，是一定的道理。所以父慈子孝，父母要儿女做孝子，父母本身要健全，父母能够真爱子女，真会教育子女，子女则是孝子。自己是个混球的父母，光要求儿女做孝子，也不可能。兄友弟恭，也是一样道理，由此可知，中国文

化并不是呆板的规定，而是相对的。

——《列子臆说》

十多年前，有一个哈佛大学博士班的学生，跟我作中国文化的论文，他回国之前，我嘱他回到美国去提倡中国文化的孝道，他说很难。我告诉他这是千秋事业，不是现世功业，告诉他孝道是什么东西。我说，中国人谈孝字，"父慈子孝"是相对的，父亲对儿子付出了慈爱，儿子回过头来爱父亲就是孝。"兄友弟恭"，哥哥对弟弟好，弟弟自然爱哥哥。我们后来讲孝道："你该孝，天下无不是的父母。"这说法有问题，天下的确有些"不是的父母"，怎么没有"不是的父母"呢？这不是孔孟的思想，是别人借用孔孟的帽子，孔家店被人打倒，这些冤枉罪受得大了。

——《论语别裁》

如何认识"孝"的真意？

——求忠臣必于孝子之门

从中国历史文化来讲，自汉文帝、景帝以后，"以孝道治天下"的教育精神便已逐渐奠定基础。而汉武帝时代选举制度兴起以后，社会风气更加注重品德。所谓"贤、良、方、正"之士的选拔，促使政府与民间社会，自然而然注重家庭教育，以人格培养为其重心。到了魏文帝以后，竭力提倡孝道，由此使得历代帝王在政治思想和政治措施上，形成了"圣朝以孝治天下"的名训和准绳。然而"孝道"是宗法社会氏族中心的家庭教育的标准，它有时与国家观

念或忠君思想不能两全其美。唐代以后，为求忠孝思想的统一，便将《孝经》和"大孝于天下"的精神调和贯串，而产生中国文化思想上的名言："求忠臣必于孝子之门"。

——《新旧教育的变与惑》

我们知道中国文化经常讲孝道，尤其儒家更讲孝道。把四书五经编辑起来，加上《孝经》、《尔雅》等，汇成一系列的总书叫十三经。《孝经》是孔子学生曾子著的，我们要研究孝道，就必须看孔子思想系统下的这部《孝经》。《孝经》中说什么样子才是孝呢？不单是对父母要孝，还要扩而充之大孝于天下，爱天下人，谓之大孝。为政的人以孝子之心来为政，也就是我们所讲公务员是人民公仆的道理一样的，所以后来发展下来，唐宋以后的论调："求忠臣必于孝子之门。"一个人真能爱父母、爱家庭、爱社会，也一定是忠臣，因为忠臣是一种情爱的发挥。假使没有基本的爱心，你说他还会对国家民族尽忠吗？这

大有问题。

——《论语别裁》

　　"孝"是为人儿女者，上对父母的一种真性情的表现，也就是天性至爱的升华，这是一个为学的纵向中心，所谓承先启后，继往开来，是贯串上下的。"弟"是指对兄弟姊妹，乃至朋友社会人群真诚的友爱，这是为学的横向中心，所谓由亲亲、仁民，而至于爱物。弟也就是友弟，也就是人与人之间友爱的基础。

　　人为什么一定要孝弟呢？因为人之所以为人，他不同于动物之处，就是有灵性和感情。孝与弟，是人们性情中最亲切的爱之表现，一个人对父母兄弟姊妹骨肉之间，如果没有真性情和真感情，这就不知道是个什么东西了。我们都是做过儿女的，也都有机会要做父母，至于兄弟姊妹朋友，大家也都是有过经验的，试想，假使对上下左右，没有孝弟的至性至情，那个社会会变成一个什么形态呢？所以，以孝弟为

学问的基本，就是要求人人培养这种真性情的美德。由此扩而充之，对社会国家和人类，才有真爱。

古人说："求忠臣必于孝子之门"，也是由于这个道理而来。

——《孔子和他的弟子们》

为人父母，有个观念要重新反省

——望子成龙，望女成凤

任何一个儿童或成人，他的心理状况，除了主要原因——得自先天形而上生命本体的禀赋，略而不谈以外，他的意识潜能的成长，实由于父母遗传的秉受，占大多数的因素。只是一般人忽略了这个问题的重心，或者根本没有发现父母本身潜在意识的重点而已。遗传的作用，大约有两种形态：(1) 直接遗传：这便是说某一个人的遗传作用，是由父母两人的直接禀赋而来。(2) 间接遗传：这便是说某一个人的遗传作用，是由祖父、祖母，或外祖父、外祖母的

血缘关系而来。无论为直接遗传或间接遗传的关系，一个人的个性和心理的形成，属于遗传的关系，几乎占有一半的成分。但是遗传的关系，又有更代变化的作用，并非是父母或祖宗是白痴，所生的子女必定就是白痴。在遗传的成因中，他还有自我的禀赋，加上受胎时的时间、空间的物理环境，以及父母在性行为时的心理与思想等主要正反的遗传原因，因此而起变化成为更代性的成因。

此外，遗传的作用，最为明显也最容易被忽略的事实是，它有承受传统遗传与反承受传统遗传的两种作用。(1) 所谓承受传统遗传：这便是说某一个人，他的父母是纯良老实或者刁钻古怪的人，而所生的子女，也是纯良老实或者刁钻古怪。(2) 所谓反承受传统的遗传：这便是说某一个人，他的父母是纯良老实，但所生的子女，却很刁钻古怪。他的父母是慷慨好义，而所生的子女，却是悭吝自私。或者介乎两者之间，具有双重性格的个性。相对地，某一个人的父母是刁钻古怪，所生的子女，却很老成持重。

他的父母是满腹经纶，所生的子女，可能是冥顽不灵。中国古史上有名的唐尧是圣人，但是他所生的儿子丹朱却是一个不肖之子；瞽叟不是好人，他的妻子也很坏，但是他们所生的儿子虞舜，却是圣人。有些忠厚老实之家，反出败子。有些不善良的父母，反而生出大好人的儿子。这就是说，在父母的心理潜能里，有善良的一面，也有很不好的一面。例如一个老实人，处处肯吃亏，可是这种肯吃亏老实的行为，是压制内心的反抗，无可奈何而变成的老实表现。实际上，他的内心并不宁谧，含蓄有极端的愤怒和愠怨的嗔。因此，便形成更代遗传的相反个性。或者，在受胎的性行为中，男女双方的思想心理因某种事实或天然气候，或某种环境的影响，而构成当时心理的极大抗拒和抑郁，也就变成更代遗传的相反作用了。所以望子成龙而未必尽然，并非偶然的事。

由于这个道理，大学问家的子女，也许是天生不通文墨、不爱好读书的种子；大英雄的子女，也许是过分懦弱的人物；文学家的子女，可能不爱好文

学而喜欢玩耍；艺术家的子女，可能是鄙视艺术而喜爱做工或经商；军人的子女，可能爱好文学而反对军事；工商业巨子的子女，可能是游手好闲、贪恋游荡的角色。其中原因，错综复杂，要由诸位有心研究者，以科学的方法去搜集资料，统计结果，加上哲学的推理，才可求出结论。那时，方知我言不谬也。在此只是指出原理、原则的所在，要同学们去深入研究。我没有时间去做这些精细统计的工作。我现在所讲最主要的重点，是希望家长们或者注意家庭教育的人们，应当先了解这个原理，自己加以反省，或进而做更深入的研究，然后才对儿童教育与家庭教育实施正确的方针。如果一味望子成龙，好像有些父母一样，把自己一生的失败和没有达成的愿望统统加在子女身上，要他们努力向上，去替自己争口气而光耀门楣，荣宗显祖，这不但是很大的过错，实在也是做父母心理道德上的罪过。结果一味如此妄求，他的结果会适得其反，反而造成子女在心理上潜在的抗拒，结果便变成不容于家庭和亲友乡里，

而社会上又随随便便加以一项太保或太妹的帽子，不但使自家无后，而且也使国家社会无故丧失了一个有用的人才。同时，希望一般盲目跟着升学主义走的人能够宁静自思，好好为家庭、为国家、为社会着想，而努力地教育子女成为有用的人才。

——《新旧教育的变与惑》

现在我看诸位，你们还是年轻人，都寄望儿女的教育好，记住我前面讲过的话，不要只是望子成龙、望女成凤。你们现在都只生一个，娇惯得不得了，已经害了孩子。你们的孩子在这里，你们是家长，我们等于一家人，我讲句在外面不大好讲的老实话，我寄望的是后一代能站起来，这一代是没有希望了。但是我们这个愿望是不是做得到，不知道。所以我认为现在不单是孩子教育的问题，家长更要重新受教育。我讲话很直，请大家深刻地了解，不要只是望子成龙，不要只是望女成凤。你们每个人心里都觉得自己的孩子了不起，要好好培养。我不

是讲过嘛，做父母有个错误的观念，把自己的缺憾、一生做不到的事，都寄望在下一代身上，这是一个罪过，不可以的。

——《廿一世纪初的前言后语》

大家都希望对后代好，崇尚西方文化讲求爱的教育，可是对孩子不一定是爱才好哦！大家也晓得读经，《三字经》读过吧？"养不教，父之过，教不严，师之惰"，养孩子不晓得教育，是父母的过错、罪过，所以"养不教，父之过"是针对父母，尤其针对母亲；"教不严，师之惰"，教育不严格，是讲老师的问题。

现在西方文化拼命讲爱的教育，什么是爱啊？大家现在太爱孩子了，望子成龙，望女成凤，说明没有懂得儒家的道理。《大学》上告诉我们，"人莫知其子之恶，莫知其苗之硕"，一个人不晓得自己儿女的坏处，更不晓得自己儿女的缺点，因为自己被爱心蒙蔽了；一个种田的农夫，虽然自己种的稻子天天在

长大，但他也看不出来。所以爱心太过，反而会害了孩子。其实孩子的缺点就是我们的缺点，这是基因的遗传来的。教育要靠自己的智慧，想要孩子好，不是光有爱心，一味地偏爱，光知道原谅孩子；孩子发表意见，可以有他的自由思想，但不是完全绝对自由。因此教育的问题不要完全寄望于老师或学校，而是要寄望在自己身上，寄望在自己的家庭。

——《廿一世纪初的前言后语》

流传千年的误读

—— "天下无不是之父母"？

　　诚然，过去有些孔家店的店员——后世的儒者们，错解"孝道"，强调"孝道"的理论，将"天下无不是之父母"认为是千古不移的定律。其实，早在周、秦以前，在《易经》的"蛊卦"中，便已隐约指出天下有"不是"的父母。所以"蛊卦"的"爻辞"上，便有"干父之蛊"、"干母之蛊"的观念。但做父母的，虽然被蛊惑而有"不是"的事，但在子女的立场来说，仍然需要以最大的"爱"心而为父母斡旋过错。所以孔子也说："事父母几谏，见志不从，又敬

不违，劳而不怨。"但是后世以讹传讹，或语焉不详，便把"天下无不是之父母"的观念，变成了铁定如律令的诫条。

同时，做父母的更要了解中国文化的"孝道"思想，并非只是单面的要求，它是相互的情爱。"父慈子孝"、"兄友弟恭"这是必然的因果律。孔子所谓"君君、臣臣、父父、子子"的道理，每句下面那个重复字，都是假借作为动词来读。用现代观念来说，就是：倘使父母不成其为父母，或父母没有尽到做父母之"爱"的责任，只是单方面要求子女来尽"孝"，那也是不合理的。

——《新旧教育的变与惑》

子曰：事父母几谏，见志不从，又敬不违，劳而不怨。现在又讲到孝道中仁的范围，他说对于父母的过错必须"几谏"。什么叫"几谏"呢？我们好几次提到孔家店被打倒，都由孔家店的店员搞错了观念而出的毛病。宋儒以后论道学，便有"天下无

不是之父母"的名训出现。因此"五四运动"要打倒孔家店时，这些也成为罪状的重点。其实孔子思想并不是这样的，天下也有不是的父母，父母不一定完全对，作为一个孝子，对于父母不对的地方，就要尽力地劝阻。"见志不从"就是说父母不听劝导的话，那么就"又敬不违，劳而不怨"，只好跟在后面大叫、大哭、大闹，因为你是我父母，你要犯法，我也没有办法，但是我要告诉你，这是不对的。你是我的父母，我明知道跟去了这条命可能送掉，因为我是你的儿子，只好为你送命，不过我还是要告诉你，这样是不对的。这种孝道的精神，也并不是说父母一定会不对，只是说如有不对的地方，要温和地劝导，即使反抗也要有个限度。总之，父母有不对的地方，应该把道理明白地告诉他，可是自己是父母所生的，所养育的，必要时只好为父母牺牲，就是这个原则。

——《论语别裁》

世界上最伟大的是母爱

——为母者强

世界上最伟大的是母爱，每一个宗教，到最后都是崇拜女性的，天主教的圣母，佛教的观世音，都是女性，因为母爱最慈悲、最仁慈、最伟大，所以中国文化上认为女性"为母者强"。不但人如此，各种动物也如此，当母亲的时候最坚强。试看母鸡，平常非常软弱，可是当它翼护小鸡的时候，遇到了老鹰等等侵略者时，则会拼命保护小鸡，精诚抵抗，这就是母爱的精神，牺牲自我的精神。

——《易经杂说》

现在教育最难的是什么？

——一娘生九子，九子各不同

现在教育最难的是什么？大家说是怎么教孩子记忆。那么记忆力究竟在脑子还是不在脑子？记忆跟思想有什么不同？思想跟情绪有什么不同？管教育的这些问题都没有弄清楚，光是在功课、知识上教，那完全不对了。所以教育非常非常难的，第一个就是禀赋问题，这不只是对心理学的了解，西方也不懂的。

那么禀赋是遗传来的吗？也不对。我们中国古人有句土话，"一娘生九子，九子各不同"，同一个妈

妈生九个十个兄弟姊妹，每个个性都不同，聪明与笨也不同，都是一对父母遗传的啊！所以说禀赋完全是由基因遗传来的，也不完全对。佛法、佛学讲得很清楚，禀赋是自己本身带来的种子，佛学名称把这个禀赋叫种性，他自己本身带来的种子。例如尧舜是圣人，也是帝王，但尧的儿子不行，舜的爸爸不好。优秀的父母生的儿女不一定好，很笨很差的父母生个儿女却非常了不起，现在解释说是基因问题，那基因怎么分类？怎么遗传来的？我常常告诉研究生理学的医生，基因不是究竟，后面还有东西，慢慢去研究吧！

所以是本身的种性带来禀性，而父母的遗传、家庭、时代、社会、教育的影响都叫作增上缘，增上缘是影响那个种性发展的一种助力。

——《廿一世纪初的前言后语》

教育孩子的一个变通方法
——易子而教

古人易子而教，两个互敬的朋友，往往相互教育对方的子女，因为父母有不方便亲教之故。像现在的青年，几乎没有不犯自渎毛病的，但父母们对于这种事都不教，因为不好意思开口。直到最近，教育界才开始正视和讨论有关"性教育"方面。但在有些偏僻的地方，老师们碰到这一部分的教材就避而不谈。

其实在六七十年前，也有这种教育，聪明的父母们就想出变通的办法。其中之一，就是易子而教的原则，由朋友来教；或者用讲故事的方式，引用某

些因此受害的现实例子，做启发性、暗示性的诱导。

这是为了孩子一生健康所系，不得不教。

——《孟子旁通（下）》（离娄篇）

成功各有各的道理，不一定要书读得多
——行行出状元

现代对于儿童的教育，有所谓性向的测验，以决定其"可塑性"。例如有的小孩喜欢在墙上乱画，有的小孩欢喜玩机械，看见手表的指针会走动，觉得稀奇，就拿小螺丝刀去拆开来玩。有些讲究性向问题的家长、老师们，就让他去拆，认为这孩子将来可能成为一个发明家。

可是，假如我是这孩子的家长，则不一定让他去拆，最多是破旧不堪的废弃物，才让他去拆。因为

小孩子天生有一种破坏性，人性中是具有反动成分的；尤其小孩好动，看见稀奇的东西，非打烂来看看不可。不过也有人生来想当领袖的，也有人生来想当和尚或神父的，这就是性向问题。所以教育孩子，要从其可塑性方面去培养。有时候父母看到子女是不可造就的，就要赶快给予他职业教育，使他将来在社会上站得住脚，能够有饭吃；对于造就不了的，如果一定要他有很高深的学问，出人头地，这是不可能的。一个人的成功，各有各的道理，不一定要书读得多，这就如中国的谚语："行行出状元"，也就是现代的理论，要注意性向问题。

——《孟子旁通（下）》（告子篇）

明

辨

之

法

人生的五大福气

——五福临门

　　《书经》里有一篇《洪范》，是讲历史哲学、宇宙哲学的一本基本的书，我们算命讲阴阳五行，金木火水土，这个五行观念就出在《洪范》。

　　《洪范》里头提到五福，你看我们过年时大家门口写的"五福临门"，我们都会写，但是都没有去研究它。五福是"寿、富、康宁、攸好德、考终命"。五福里头很怪，言富而不言贵，贵并不算福气！有钞票，有钱就是富，所以我们中国文字很怪，富贵富贵，富了就贵，不是贵富贵富。你说你地位高，很贵

啊！没得钱，做个清官，退休了以后连饭也吃不起，那可不是福气啊！所以有钱，富了就贵。那么这个富呢？如果讲中国文化，真正的哲学，富又分两种，钱财富有谓之富；学问好、道德好、精神修养高也是财富。这个里头有分类了，所以研究我们自己的文化哲学，这个思想要搞清楚啊！对于自己的祖先保留的书籍真是要多读了。

——《列子臆说》

"亡德而富贵谓之不幸"，这句话最重要。人生自己没有建立自己的品德行为，而得了富贵，这是最不幸的。这里我要补充一下，过年的时候，门口贴的对子"五福临门"，你们知道是哪五福吗？五福（寿、富、康宁、攸好德、考终命），里面没有"贵"哦！官做得大，不一定算是有福哦！五福里头有"富"；中国话"富贵"常连在一起，富了就贵了。"贫贱"连在一起，穷了地位就低了。这里告诉你，无德而富贵，是人生最不幸的事情。

——《南怀瑾讲演录：2004—2006》

孔子是怎么看待男女之爱的？

——关关雎鸠，在河之洲

读《诗经》的第一篇，大家都知道的，"关关雎鸠，在河之洲，窈窕淑女，君子好逑"。拿现在青年的口语来讲，"追！"追女人的诗。或者说，孔子为什么这样无聊，把台北市西门町追女人那样的诗都拿出来，就像现在流行的恋爱歌"给我一杯爱的咖啡"什么的，这"一杯咖啡"实在不如"关关雎鸠，在河之洲"来得曲折、含蓄。由此我们看到孔子的思想，不是我们想象中的迂夫子。上次提到过"饮食男女，人之大欲存焉"。人一定要吃饭，一定要男女追求，

不过不能乱，要有限度，要有礼制。所以他认为正规的男女之爱，并不妨害风化，这也叫"为政"，正规的。

——《论语别裁》

西方与东方宗教家都认为性是罪恶，哲学家则逃避这个问题。我们现在看孔子，他可以说是哲学家、宗教家，又是教育家。我认为现代观念的什么"家"、什么"家"都可以给他加上，反正孔子集中国文化之大成。我们中国人自己对他的封号最好——大成至圣先师，我们不要跟外国人走，给他加上了一个"家"字，反而不是大成，而是小成了，所以不要上西方文化的当。

孔子认为"关关雎鸠"男女之间的爱，老实讲也有"性非罪"的意思在其中。性的本身不是罪恶，性本身的冲动是天然的，理智虽教性不要冲动，结果生命有这个动力冲动了。不过性的行为如果不作理智的处理，这个行为就构成了罪恶。大家试着研究一

下，这个道理对不对？性的本质并不是罪恶，"饮食男女，人之大欲存焉"。只要生命存在，就一定有这个大欲。但处理它的行为如果不对，就是罪恶。孔子就是这个观念，告诉我们说，《关雎》乐而不淫。大家要注意这个"淫"字，现代都看成狭义的，仅指性行为才叫淫，在古文中的"淫"字，有时候是广义的解释：淫者，过也，就是过度了。譬如说我们原定讲两小时的话，如果讲了两个半小时，把人家累死了，在古文中就可以写道："淫也"；又如雨下得太多了，就是"淫雨"。所以《关雎》乐而不淫，就是不过分。中国人素来对于性、情及爱的处理，有一个原则的，就是所谓"发乎情，止乎礼"。现在观念来说，就是心理的、生理的感情冲动，要在行为上止于礼。只要合理，就不会成为罪恶，所以孔子说《关雎》乐而不淫。

——《论语别裁》

两句诗，送给做官的朋友

——浮沉宦海如鸥鸟，生死书丛似蠹鱼

古人有两句诗给做官的朋友——"浮沉宦海如鸥鸟"，很好的文学名句，"生死书丛似蠹鱼"，像我们是第二种，一辈子喜欢研究学问读书，变成书虫了，"蠹鱼"就是书虫，吃书的那个虫。"浮沉宦海如鸥鸟"，讲做官的，一下高升，一下又下放，一下又上去……"浮沉宦海如鸥鸟"，像海浪上面那个鸟，跟着浪一高，那个鸟飞到浪顶上，浪一落下，鸟也降下来，一下又浮上来。我把这两句古诗改一个字，为你们改，你们现在是"浮沉'商'海如鸥鸟"，有

时候发财了，有些人我看到他发了财，看到他垮了，看到他又起来了，看到他又垮了，"浮沉商海如鸥鸟"啊！第二句话"生死书丛似蠹鱼"，是另外读书人的事，你们虽然现在还在读书，我还不承认你们能够是"生死书丛似蠹鱼"。"生死书丛似蠹鱼"是专门搞学问，不想出来做事，也不管自己穷不穷啊，都不管。

——《漫谈中国文化》

最难做到的是忘情

——无情何必生斯世，有好终须累此身

"太上"等于《易经·系传》上的："形而上者谓之道。"现在我们讲中国哲学，有"形而上"三个字，是译自西方名词，但采用《易经》中的观念。"形而上者谓之道"，是说万物尚未生长以前，名之为道。"形而下者谓之器"，是说有形象的万般事物生长起来了，各式各样，五花八门不可胜数，就叫"器世界"——物理世界。形成物理世界之前，名之为"道"，《易经》称为"形而上"。

道家"太上"的名称，初见于《老子》。其实殷

商以前就有"太上"这个名词了。中国文学上有句"太上忘情"。固然，人生最痛苦最难做到的是忘情，人之所以活着，大都靠着人情的维系。人是感情的动物，古人说："无情何必生斯世，有好终须累此身"，有你我就有感情，有感情就有烦恼，有烦恼就有是非，有是非就有痛苦。因情受苦，忘情更难。然而"太上忘情"，并非无情，而是大慈大悲，无偏无私的大情，譬如天地生育万物，平等无差，不求回报。

——《老子他说（初续合集）》

善易者不卜

——心思不定，看相算命

吉的背面就是凶，凶的背面就是吉。悔吝呢？是小凶，不是大凶。所以懂了这个道理，不需要卜卦啦。一件事情一开始做就知道结果了，不是好就是坏，没有第三样。所以有些男女青年问我说结婚好不好，我说不好就是坏嘛！关于这个问题，我总不愿意说话。因为婚姻就是赌，看你有没有气魄、赌不赌得起、赌不赌得气派。要赌就赌，输就输，赢就赢，不要输了就婆婆妈妈、寻死觅活什么的。所以还有什么可问的？要问的人，他本身已经有问题了，

所以他才"问"。套一句跑江湖的老话，就是心思不定。一个人去看相算命，八成都是彷徨不定的人。发财的时候，一天忙得不得了，哪有时间去看相算命，生意失败的人、没有办法的人，理发也没有钱，头发长得长长的，胡子也不刮，穿的破鞋子，每天却围着算命摊子转。

——《易经系传别讲》

人生的总账

——盖棺论定

我们中国人有一句话"盖棺论定",一个人好与坏,要在棺材盖下去的时候才可以作结论。不过我经常告诉朋友,据我的经验,世界上有许多事情,盖棺并不能论定。我就发现许多人,带着冤枉进到棺材里走了。绝对的好人,行善一生,到进棺材作结论的时候,人们对他的评论并不见得好。或者做某一件事,在盖棺的时候觉得他错了,将来也许又发现他并没有错,但已经太晚了。所以在我的看法,"盖棺论定"这句话有时候也值得怀疑,有时盖棺还不能论定。

我们举出一个人来做例子，这是讲到这里，顺便讨论历史。在此要特别声明，冯道这个人，是不能随便效法的。现在只是就学理上，做客观的研究而已。唐末五代时，中国乱了八十多年当中，这个当皇帝、那个当皇帝，换来换去，非常的乱。而且都是边疆民族。我们现在所称的边疆民族，在古代都称为胡人。当时，是由外国人来统治中国。这时有一个人名叫冯道，他活了七十三岁才死。在五代那样乱的时候，每一个朝代变动，都要请他去辅政，他成了不倒翁。后来到了宋朝，欧阳修写历史骂他，说中国读书人的气节都被他丧尽了。他曾事四姓、相六帝，所谓"有奶便是娘"，没有气节！看历史都知道冯道是这样一个人，也可以说冯道是读书人中非常混蛋的。

　　我读了历史以后，由人生的经验，再加以体会，我觉得这个人太奇怪。如果说太平时代，这个人能够在政治风浪中屹立不摇，倒还不足为奇。但是，在那么一个大变乱的八十余年中，他能始终不倒，这确实不是个简单的人物。第一点，可以想见此人，至

少做到不贪污，使人家无法攻击他；而且其他的品格行为方面，也一定是炉火纯青，以致无懈可击。

古今中外的政治总是非常现实的，政治圈中的是非纷争也总是不可避免的。可是当时没有一个人攻击他。如从这一个角度来看他，可太不简单。而且最后活到那么大年纪，自称"长乐老人"，牛真吹大了。历史上只有两个人敢这么吹牛，其中一个是当皇帝的——清朝的乾隆皇帝——自称"十全老人"，做了六十几年皇帝，活到八十几岁死，样样都好，所以自称人生已经十全了。做人臣的只有冯道，自称"长乐老人"，这个老人真不简单。后来儒家骂他丧尽气节，站在这个角度看，的确是软骨头。但从另一角度来看，历史上、社会上，凡是被人攻击的，归纳起来，不外财、色两类，冯道这个人大概这两种毛病都没有。他的文字著作非常少，几乎可以说没有什么东西留下来，他的文学好不好不知道。后来慢慢找，在别的地方找到他几首诗，其中有几首很好的，像：

天道

穷达皆由命，何劳发叹声。

但知行好事，莫要问前程。

冬去冰须泮，春来草自生。

请君观此理，天道甚分明。

偶作

莫为危时便怆神，前程往往有期因。

须知海岳归明主，未必乾坤陷吉人。

道德几时曾去世，舟车何处不通津。

但教方寸无诸恶，狼虎丛中也立身。

北使还京作

去年今日奉皇华，只为朝廷不为家。

殿上一杯天子泣，门前双节国人嗟。

龙荒冬往时时雪，兔苑春归处处花。

上下一行如骨肉，几人身死掩风沙。

像他《偶作》中的最后两句，就是说自己只要心地好，站得正，思想行为光明磊落，那么"狼虎丛中也立身"，就是在一群野兽当中，也可以屹然而立，不怕被野兽吃掉。我看到这里，觉得冯道这个人，的确有常人不及之处。尽管许多人如欧阳修等，批评他谁当皇帝来找他，他都出来。但是从另外一个角度看，这个人有他的了不起处。在五代这八十年大乱中，他对于保存文化、保留国家的元气，都有不可磨灭的功绩。为了顾全大局，背上千秋不忠的罪名。由他的著作上看起来，他当时的观念是：向谁去尽忠？这些家伙都是外国人，打到中国来，各个当会儿皇帝，要向他们去尽忠？那才不干哩！我是中国人啊！所以他说"狼虎丛中也立身"，他并没有把五代时的那些皇帝当皇帝，他对那些皇帝视如虎狼。再看他的一生，可以说是清廉、严肃、淳厚，度量当然也很宽宏，能够包涵仇人，能够感化了仇人。所以后来我同少数几个朋友，谈到历史哲学的时候，我说这个人的立身修养，值得注意。从另外一面看他

政治上的态度，做人的态度，并不算坏。几十年后文化之所以保存，在我认为他有相当的功劳。不过在历史上，他受到没有气节的千古骂名。所以讲这一件事，可见人有许多隐情，盖棺不能论定。说到这里，我们要注意，今天我们是关起门来讨论学问，可绝不能学冯道。老实说，后世的人要学冯道也学不到，因为没有他的学养，也没有他的气节。且看他能包容敌人、感化敌人，可见他几乎没有发过脾气。有些笨人，一生也没有脾气，但那不是修养，是他不敢发脾气。冯道能够在如此大风大浪中站得住，实在是值得研究的。

——《论语别裁》

小事情大问题、大事情小问题

——善易者不卜

　　大家要知道，天下的事情是很复杂的，它的变也不是千篇一律的。譬如说，我们现在台湾社会这种情形，这个现象就是昨天、去年的现象吗？不是的，它随时在变。这个变动中间所发生的，往往是小事情大问题、大事情小问题。有时候看来是个小事情，却是天下的大问题，说不定会成为很大的漏子；有时候发生的事情很大，看起来很严重，那却是小问题。所以为政者就要懂得"观其会通，以行其典礼"。这个现象随时在变，发展的前途是好是坏，你事先就

要知道。这就是卦象，不需要卜的。所以古人说"善易者不卜"。真把《易经》学通了，不要卜卦、不要算命，一看这个现象就已经知道了，可以断其吉凶了，"是故谓之爻"，这就是爻。

——《易经系传别讲》

最坏的人，也有善意
——虎毒不食子

世界上任何一个人，在心理行为上，即使一个最坏的人，都有善意，但并不一定表达在同一件事情上。有时候在另一些事上，这种善意会自然地流露出来。俗话常说，虎毒不食子，动物如此，人类亦然。只是一般人，因为现实生活的物质的需要，而产生了欲望，经常把一点善念蒙蔽了，遮盖起来了。人的脾气，我们常常称之为牛脾气，人的脾气一来，理智往往不能战胜情绪。所以凡是宗教信仰、宗教哲学，乃至孔孟学说，都是教人在理性上、理智上，

就这一点善意，扩而充之，转换了现实的、物质的欲望和气质，使内在的心情修养，超然而达到圣境。

——《孟子旁通（上）》（梁惠王篇）

最大的哲学，也是最大的科学
——人心不同，各如其面

你看我们人类很奇怪，我们中国十几亿乃至全世界六七十亿人口，同样有眉毛、眼睛、鼻子、嘴巴、耳朵，但没有两个人是一模一样的。你说他同他很相像，真比较起来还是有差别的。所以中国的哲学跟西方不同，"人心不同，各如其面"，中国人这一句土话是最大的哲学，也是最大的科学。如果研究科学，那就是基因问题了。基因是个什么东西？譬如上一次香港研究基因最有名的医生来时，我就告诉他，基因不是生命最初的来源，基因后面还有东西。他说

是，是有问题。他这一次再来，说发现是有个东西，我说再后面还有，还没有完全发现。

——《廿一世纪初的前言后语》

真正的学问，不在书本

——人在人情在，人死就两丢开

"杨朱曰：古语有之"，杨朱讲人生的现实哲学，他说我们上古文化传下来的话，"生相怜"，活时彼此互相怜惜，彼此同情，彼此相爱；"死相捐"，死后彼此就丢开了。这个话是文言，讲得非常好，白话有一句俗语勉强也可以讲，"人在人情在，人死就两丢开"，人活着就有情在，人死掉就没有了。我常告诉有些朋友的太太，我说你啊，最大的福气要死在先生前面，为什么？丈夫地位高声望还在，夫人的丧礼大家都来；如果先生早早死了，最后剩一个孤老太太，

死的时候啊，殡仪馆旁边那个小厅，大概来个小猫三四只都很难得。这也代表了"生相怜，死相捐"。

我们讲到社会上这种现象，了解许多人生，所以学问在哪里？不一定在书本里，你要观察才懂。假设一个人生病找你救济，第一次出三千，第二次两千半，第三次就是一千五，第四次就很讨厌了。死的时候买不起棺材，有替人做好事的，一出一二十万。我说与其这个时候出二十万买个棺材，他活着的时候你为什么不给他多弄一点钱呢？当然也有道理，因为这一趟跑完了，烧了，以后就没事了；如果平常给你医好了，又不死不活的，更是麻烦。所以做人应该怎么办？这是大家的课题，怎么样叫作做好事？这个好事里头有学问了，这就是人生。杨朱讲"此语至矣"，这一句话"生相怜，死相捐"，古今中外，千古的名言，说到家了。

——《列子臆说》

一个人发了财，要注意一件事
——一家温饱千家怨，半世功名百世愆

我们做一个中国人，今天你们诸位老板，我常常问，你发财为了什么？以中国文化来讲，任何一个人发了财，要注意一件事，"一家温饱千家怨"。一个人发财，或者一个公司发财，很多老百姓会怨恨他们的；至少是"侧目而视之"，眼睛歪着看，格老子他怎么会发？这个公司发到那么大啊，我们怎么办？"一家温饱千家怨"，这是我们过去读书背来的。所以我们从家里出来读书，不想做官，"半世功名百

世愆"。

——《南怀瑾讲演录：2004—2006》

　　我也经常告诉你们做人的原则，"女无美恶，入宫见妒"，一个女人不管她漂亮不漂亮，只要靠近那个最高的领导人，到了皇帝的旁边，所有的宫女都嫉妒她，并不是为了她漂亮不漂亮，因为上面宠爱她嘛！"士无贤不肖，入朝见嫉"，知识分子不管你有没有学问，突然同学里头有一位当了部长，一下入阁了，你们同学一边恭维他，一边心里不服气，你算什么东西啊！我还不晓得你吃几碗干饭吗！就会嫉妒，这是必然的。古人有诗，"一家温饱千家怨，半世功名百世愆"，所以有些知识分子看通了，做学问是为自己，不出来做事了，去做隐士。有些领导就懂这个道理，故意把社会仇恨挑起来，方便自己领导。

　　我们只要看到人家房子盖高了，有钱多盖一些，你走在路上都会骂它一声，那个房子同你什么相干？一个人做官做了半辈子，做官运气再好，也不过做

个二三十年，半世的功名就留下后代怨。因为地位高了，官做了几十年，不晓得哪一件事情做错了，这个因果背得很大，也许害了这个社会，害了别人。所以古人学问好了，怕出来做事，自己不敢过于信任自己，非常慎重，因为一个错误办法下去，危害社会久远，受害的人很多。

——《列子臆说》

世界上权威最大的是什么人？

——不怕一身剐，皇帝面前耍

"穷能使达"，只有穷苦的人才能够指挥有钱有地位的人。这个道理是什么？用之于谋略去了，所以古代"子书"里包括了很多策略的谋略道理。换句话说，富贵不能骄人，贫贱可以骄人。富贵的人当皇帝都没有那么大的权威，世界上权威最大的是穷人，穷到极点，准备求死嘛，连皇帝都怕他。

古代有一种剐刑，把犯罪的人脱光了，拿网袋网起来，网袋有眼洞，把露出来的肉，一块一块慢慢地割。所以四川人有句土话，"不怕一身剐，皇帝前面

耍"，就是这个道理。你看到是一句随便的话，却说明人生的道理。一个饥寒到极点的人，跑到你这个富贵的地方来，他如果硬是不要命，你非听他的不可。

何以作这样的解释呢？下面有一句话，你就懂了，他说这个是"相捐之道"，彼此相抛弃，没有感情，也没有必然的利害关系。拿现在观念来说，是矛盾斗争的道理。所以古代不准多读"子书"，读了深思以后，对人情世故的另外一面就看透了。

——《列子臆说》

杜月笙的养士之道

——江湖豪气，风月情怀

　　古人有一副很好的对子，"江湖豪气，风月情怀"，这都是战国时代的社会风气，当时四大公子都在养士。现在讲啊，就是大专毕业或有什么专长的，就到他家里拿薪水吃饭去；就连会狗叫的、耍滑稽的、说相声的，他都养。像齐国的孟尝君，名叫田文，门下养士三千人，这是有名的。现在看到三千人不多啊，在当时全中国几十个国家合起来，不比台湾现在的人口多。三千人中有高级知识分子，有专长的各种人，统统是他的门下客，等于是他的部下，

也就是讲社会学、社会福利，社会主义里的另一章。

由此我们想到民国以来有两个名人，湖北的才子饶汉祥、湖南的才子杨度。清朝下来的才子都是公子，饶汉祥是黎元洪的秘书长，杨度是袁世凯得力的幕僚。当然清朝被国民革命军一推翻，这些家伙就是开溜的名士了，一溜就溜到上海来，这些遗老也不肯合作，谁养他们呢？杜月笙。你看杜某一个大字不认识，下层出身的，他有这个本事，乃至章太炎都是他养的。杜月笙的养士，不是每月拿单子来领薪水的，只要坐在家里抱怨，他就派人送钱过去了。漂亮！所以我到大学讲演时，他们拿讲演费叫我签个收据，我说你是拿救济金给我吗？我就训他们。你看杜月笙他们懂得做人，把这些老前辈们供养着，按月派人规规矩矩送去红包，"恐怕你府上不够用，杜先生叫我送来"。所以人都让他养得很舒服，他后来自己学问也蛮好。

你看饶汉祥、杨度这些人，都傲慢得很啊！普通人父母死了叫他写副挽联，你拿几万块摆在那里也不

给你写啊！章太炎一辈子不给人家写寿句，这些文学界都知道，但是杜月笙母亲做寿的时候，他亲自作文章，亲自写。这是江湖义气，侠义起来谁不感动啊！饶汉祥送给杜月笙的对子，"春申门下三千客，小杜城南五尺天"，下联把杜月笙捧得很过瘾，成为民国时期文学上的名对。"五尺天"就是半边天，说杜月笙一手可以遮半个中国，都是他的范围。所谓读书，我告诉你们青年同学，昨天也给企业管理的同学讲，你们要读万卷书，行万里路，交万个友，才能谈企业管理。

——《列子臆说》

娑婆世界，难忍能忍

——不是冤家不聚头，冤家聚头几时休

人生的境界，"无不废，无不任"，就是随遇而安，佛学里头有两句话，"随缘消旧业，更不造新殃"，在这个世界上是住旅馆，来还账的，该还就还，还完了两手一摊，再见，两不相欠。你们看过《红楼梦》里的名句，"不是冤家不聚头"，夫妇爱情就是前世的冤家，"冤家聚头几时休"，所以你看长命百岁、白头偕老的夫妻都吵吵闹闹一辈子的，如果两个人爱情好，万事圆满，不是早死一个就是穷

一辈子，再不然就有很多的缺陷。

——《列子臆说》

　　娑婆世界另外一个意义是缺陷世界，这个世界没有一样东西是没有缺陷的。不知你们有没有看过《浮生六记》这本言情小说，如果没有，那还懂什么文学？它里面描写夫妇之间的感情，好得那样，但是苦一辈子！男女感情好一辈子的，不是穷就是没有孩子，或者没有其他的。什么都有的，没有这回事，或者其中一个就要早死，绝对没有给你圆满的。如有夫妇俩白头到老，儿孙满堂的，这两位可能一天到晚吵架，等到老头子或是老太婆走了，没有对象吵了，剩下一位也很快走了，真应了《红楼梦》说的，"不是冤家不聚头，冤家聚头几时休"。这叫娑婆世界，有缺陷，没有缺陷就不叫娑婆了。你们有些年轻人，结婚不久就有埋怨之心，不要埋怨啦！阿弥陀佛！娑婆世界的事是难忍能忍啊！

——《维摩诘的花雨满天》

悟道的人，还有没有烦恼？
——只说出家堪悟道，谁知成佛更多情

"汝徒知乐天知命之无忧，未知乐天知命有忧之大也"，注意哦，这与学佛修道参禅有莫大的关系，所以孔子是绝对大彻大悟的，是个入世的佛，等于维摩居士那个境界。他说你啊，只记得我从前告诉你们一个人修养真达到乐天知命，是没有烦恼，可以出世，但是还不能真正入世；一个真正悟了道的人，烦恼比没有悟道的还大。佛家也有这个话，你以为出家就解脱了吗？"只说出家堪悟道，谁知成佛更多情"，这是六世达赖情歌里说的。所以观音菩萨及一

切佛菩萨大慈大悲，就是多情嘛，普通人爱一两个，乃至爱一百个也不过一百个，佛与菩萨则爱三千大千世界所有一切众生，这个叫大慈悲。

——《列子臆说》

"重远而轻近"的人情
——远来的和尚会念经

　　人的一般心理，古书上叫作人情，就是人的心理都是"重难而轻易"。越困难，他越看得贵重；越容易，他越看得没有用。我常跟年轻同学讲，我都告诉你了，你不相信；一定要等到我死后有人叫好，你才觉得我说得对、说得好吗？因为人情也"重死而轻生"，死去的都是好的，活着的并不好；人情也"重远而轻近"，远来的和尚会念经，本地的和尚不一定行；人情也"重古而轻今"，古代的就是好的，现代人都不行。现在的人是"重外而轻本"，外国来

的学问都是好的，自己国家的都是狗屁，认为外国的月亮比自己本土的大又圆。

这真是一个笑话，如果我们这一堂研究《孟子》的人，照个相留下去，后世的人会说：哎哟，他们这一代人好了不起喔！算不定大家还跪在前面，向我们磕三个头呢！可是我们都看不见了，对不对？这是人情。

同样道理，这就告诉我们一个处世做人的原则。现在研究心理学、懂了心理学的人，就应用这种心理，故意弄得错综复杂一点，人们就信，成为领导群众的法门了。如果我们这个地方叫人来参观，电梯一上来就到了，是没得价值的；最好电梯不开，十楼要慢慢走上去，然后这里弄个栏杆，那里给他一个弯曲，就有味道了，人的心理就是那么一件事情。

所以啊，天下的道理，不管做人做事，或政治、社会问题，都是同样的。你把这个书读懂了，原则也就都懂了。

——《孟子旁通（下）》（离娄篇）

什么是福？什么是祸？

——塞翁失马，焉知非福

常听人说某人有福，但福为"祸之所伏"，看来有福时，可能祸就快要来了。我们中国有句谚语，"人怕出名猪怕肥"，猪肥了算是有福，可快要被杀了。人发财以后出了名，大家都知道，同时麻烦也就来了。一个人官大、名大、钱大，只要三者有其一，也就麻烦大，痛苦多了。

所以"塞翁失马，焉知非福"，这一思想，就是从道家老子这句话来的。祸害到了极点，福便来了；福到了极点，跟着便是祸了。这两件事是互为因果，

循环交替而来的。但是"孰知其极",谁知道什么是祸的极点,什么又是福的极点?人的一生中,万事都要留一步,不要做到极点,享受也不要到极点,到了极点就完了。

例如今天有好的菜肴,因为好吃,便拼命地吃,吃得饱到十分,甚至饱到十二分;吃过了头一定要吃帮助消化的药,否则明天要看医生。这就是口福好了,享受极了,反而害了肠胃。如果省一点口福,少吃一点,或者肠胃受一点饿,受点委屈,可是身体会更健康,反而有福了。

——《老子他说(初续合集)》

这两句话，说破了世道人心的真相

——看来世事金能语，说起人情剑欲鸣

孔子一辈子做学问，他说："吾十有五而志于学"，十五岁就晓得立志了。孔子是个孤儿啊！生活环境很可怜的，年轻时很辛苦，父亲早逝，家里很穷，他什么最苦的差事都干过。圣人是从苦难中磨炼出来的。你们诸位太幸福了，每个孩子都是皇帝、都是公主，哪有这么好的？我小时候都没有经验过这么好的生活，我也是自己磨炼出来的啊！同样的道理，孔子说"吾十有五而志于学"，十五岁立志求学，"三十而立"，到三十岁确定了学问、人生的道德修养是

这个样子，真正站起来。

从十五岁到三十岁，这十五年间，孔子痛苦得不得了，所以他说自己三十而立，这个人生磨炼出来的学问，在三十岁确定了。"四十而不惑"，三十岁确定做修养的学问、磨炼自己，有没有怀疑？有怀疑，摇摆不定的。自己生活的经验，有时候明明做了好事，却得了很坏的结果，很受不了；有时候心里反动，就要发脾气了。

所以古人有两句话，"看来世事金能语，说起人情剑欲鸣"，这两句话怎么讲？看来社会上只有钱会讲话，大家只要送钱就好了，拿钱给人家就一切好办，"看来世事金能语"，要做官拿钱去买。"说到人情剑欲鸣"，讲到人的心理啊，刀剑就要拿出来杀人了，世上人心太坏了，会气死人的。我引用这两句话是说明孔子三十而立，再加十年用功做人，十年读书，十年修养，"四十而不惑"，才决定要做一个好人，不能做坏人。虽然"三十而立"，但看法还会有摇摆，可见修养之难啊！

四十而不惑，再加十年做人做事，"五十而知天命"，这才晓得宇宙观、晓得人生命的意义和价值究竟是怎么一回事。我们人怎么会生出来？人为什么生来是男是女？为什么在同样的环境，每人的经历不同？为什么有的人一辈子很享受，有的人永远很痛苦？这里头有个道理，"五十而知天命"，换句话说，孔子讲自己到五十岁才晓得宇宙万有有个本能的因果规律的作用，都是十年十年的磨炼。

　　再加十年的修养磨炼，"六十而耳顺"。我们小的时候读书，老师讲的也听不懂，什么叫耳顺？有同学告诉我，孔子以前大概耳朵听不见，到六十岁挖耳朵挖通了，这是小时候同学们讲的笑话。其实耳顺就是看一切好的、坏的，听人讲话对的、不对的，听来都很平常，都没有什么，就像做饭一样，修养的火候到家了，好人当然要救，坏人更要救，这是耳顺，"六十而耳顺"。

　　再加十年，"七十而从心所欲不逾矩"，得道了。你们现在教孩子们读古书，看看孔子几十年的修养，

到七十以后，他真正的大彻大悟了，是这么一个过程。

——《廿一世纪初的前言后语》

什么病永远治不好？

——药能医假病，酒不解真愁

　　我在台湾的时候给医学界讲过话，在阳明医学院，政府创办的，当时是孙中山的外孙做校长，他是留学德国的西医。我上来就痛快批评了西医，也批评了中医。然后我讲，你们西医不要反对中医，都讲人家不科学、迷信，你们没有研究过嘛，什么叫作迷信？不懂的事乱下断语，本身已经犯了一个错误，就叫迷信，不知道的事情你乱去批评就是迷信。中医呢，也不要轻视西医。中国人有两句话，"药能医假病，酒不解真愁"，真的愁喝酒没有用的；"药能

医假病"，世界上不管中医西医，哪个不死的病你们都医得好，到了真死的时候，谁都没有办法，你不要认为谁了不起，神通、特异功能也救不了死亡的。

——《廿一世纪初的前言后语》

　　悭贪是一切众生基本的心理，这是心病，这种心病只有用心药才能医，心药就是自己了解道理后懂得布施。悭贪的心念久而久之会转变成身体上的疾病。我常对研究中西医的朋友说笑话，但也是真话，我说不管今天的医学如何高明，如何发达，中国人有两句话："药能医假病，酒不解真愁。"一切医药再高明只能医假病，不管中医也好，西医也好，真正医不好的是死病，人要死的时候，你一点办法都没有，怎么都医不好，如果能把人医到无病，人就不会死了。所以尽管医学那么发达，人还是照死不误。

　　佛法标榜"了生脱死"，医治生老病死的病。事实上，佛法在世间，一般信佛、学佛的人照样生老病死，原因就是人始终没有医好自己的心病。有悭

贪心理的人，立即会被一个智慧高、定力深或者定慧等持的人一眼看穿。不仅是人，一切众生乃至动物如有悭贪心理，很容易被看出来，这是什么道理呢？因为心理会转变生理，心有悭贪的结，他的表情、神气，在生命的四大上就呈现出来，一望而知。所以无量众生悭贪不止，就已经在累积病情。

——《药师经的济世观》

可悲亦可爱的人欲

——天下熙熙，皆为利来；天下攘攘，皆为利往

司马迁《史记》上提到："天下熙熙，皆为利来；天下攘攘，皆为利往。"我们看这个世上，每个人外表看来好像没怎样，平平安安活着，其实内心却有诸多痛苦。一生忙忙碌碌，为了生活争名夺利，一天混过一天，莫名其妙地活下去，这真的很快乐、很满足吗？老子指出一般人这样生活，自认"如享太牢，如登春台。"好像人活着，天天都上舞厅，天天都坐在观光饭店顶楼的旋转厅里，高高兴兴地吃牛排大餐；又好像春天到了，到郊外登高，到处游山玩水，

颇为惬意。牢是牛，古代祭礼以牛作大祭的牺牲。

老子对人生的看法，不像其他宗教的态度，认为全是苦的；人生也有快乐的一面，但是这快乐的一面，却暗藏隐忧，并不那么单纯。因此，老子提醒修道者，别于众人，应该"我独泊兮其未兆"，要如一潭清水，微波不兴，澄澈到底。应该"如婴儿之未孩"，平常心境，保持得像初生婴儿般的纯洁天真。老子一再提到，我们人修道至相当程度后，不但是返老还童，甚至整个人的筋骨、肌肉、观念、态度等等，都恢复到"奶娃儿"的状态（湖北、四川地区，称呼还在吃奶的婴儿为"奶娃儿"）。一个人若能时时拥有这种心境，那就对了。

——《老子他说（初续合集）》

名与利，本来就是权势的必要工具，名利是因，权势是果。权与势，是人性中占有欲与支配欲的扩展。虽是贤者，亦在所难免。司马迁所谓"天下熙熙，皆为利来。天下攘攘，皆为利往"，是为不易的

名言。固然也有人厌薄名利，唾责名利，认为不合于道，但"名利本为浮世重，古今能有几人抛"呢？除非真有如佛道两家混合思想的人，所谓"跳出三界外，不在五行中"，也许不在此例。也许，是未能确定之词。因为照一般宗教家们所说的超越人类以外的世界，也仍然脱不了权力支配的偶像，那么，无论在这个世间或是超越于这个世界，照样还是跳不出权势的圈套。这样看来，人欲真是可悲的心理行为。不过，也许有人会说，人欲正是可爱的动力，人类如果没有占有支配的欲望，这个世界岂不沉寂得像死亡一样的没有生气吗？是与非，真难说。

——《老子他说（初续合集）》

世上最骗人的两样东西

——名利本为浮世重，古今能有几人抛

　　世界上的人，就是为了名与利。我们仔细研究人生，从哲学的观点看，有时候觉得人生非常可笑，很多非常虚假的东西。像名叫张三或李四的，只是一个代号，可是他名叫张三以后，你要骂一声"张三混蛋"，那他非要与你打架不可。事实上，那个虚名，与他本身毫不相干，连人的身体也是不相干的，人最后死的时候，身体也不会跟着走啊！

　　利也同样是假的，不过一般人不了解，只想到没有钱如何吃饭！拿这个理由来孜孜为利。古人有

两句名诗："名利本为浮世重，世间能有几人抛。"名利在世界上是最严重的，世界上能有几个人抛去不顾呢？

——《老子他说（初续合集）》

古人有两句话："名利本为浮世重，古今能有几人抛。"古人认为世界上名利是虚浮的，但是，世人都是为了求名求利。你们既然在这个高级工商研究班里头，我倒想起一个人来，想起日本明治维新的宰相伊藤博文。日本、韩国把他们的文化叫作东方文化，其实都是中国文化。伊藤博文年轻时出来有两句话，作为自己人生的目标，"计利应计天下利，求名当求万世名"。这是他青年的立志，最后做了明治维新的宰相，实现了他的人生目标。

我常常问人，许多同学们讲读书求学，到现在为止，你人生的目标、读书的目标，究竟是为了什么？求什么？这是一个人生观的问题。结果我问了许多老中青的朋友们，讲了半天，没有人生观，都是跟着

大家走。那叫作随波逐流，跟着时代的浪潮随便转，这是很有问题的。

——《南怀瑾讲演录：2004—2006》

未来的社会趋势，该如何预判？

——国清才子贵，家富小儿娇

我现在感觉到，中国的社会非常奇怪，这个演变，将来怎么样？我不敢想象。今天全世界，尤其以中国社会做代表的话，将来的社会，没有婚姻家庭制度了。知识越普及，家庭观念越淡薄。尤其国内只生一个孩子，非常娇贵。我在美国的时候，常常跟美国人讲笑话，我说你们非常傲慢，其实也没有什么了不起。中国有句老话，"国清才子贵"，一个国家社会安定了，知识分子有学问的，变成名士，就贵重了。"国清才子贵，家富小儿娇"，家庭富有

了，孩子就傲慢了，教育都成问题。

——《南怀瑾讲演录：2004—2006》

我看，现在很多年轻的父母，专讲所谓"爱心"的教育，常常养成孩子指挥父母大人去做事，孩子反而大模大样，坐在那里摆架子。这真使人"望之生畏"，只好心里暗叹一声"阿门"（祈祷完了最后的一声）！

我们人与人之间的闲谈，经常会碰到有人问起：你看将来的社会或将来的时势怎么样？这是人人关心的问题。从前跑江湖、混饭吃的算命先生，有一句成语说"上门看八字"。这是说，只要进到你的门口，四面八方看一看，早已知道了你这一家兴旺不兴旺，不必要等你报上生辰年月，命已算过了。你要问将来的时势和社会趋势，多看一下后一辈的孩子教育文化，就可大概知道未来了。孟子有一段话说得很对：富岁子弟多赖，凶岁子弟多暴。非天之降才尔殊也，其所陷溺其心者然也。这是说，富贵的

家庭或是社会富有了，就会养成青年人多"赖"，爱炫耀、爱耍阔、爱奢侈、好高骛远。社会苦寒，家庭贫穷，就会使青年人容易走上"暴戾"愤恨的路上去。这并不是天生人才有什么差别的作用，只是因为受环境压力，造成心理沉没的后果。除非真能刻苦自励、专心向上的人，才有可能跳出"世网"。又如我们小时候读的成语所说，"国清才子贵，家富小儿骄"，"马行无力皆因瘦，人不风流只为贫"。

——《原本大学微言》

通才越来越少，专才越来越多

——消磨天下英雄气，八股文章台阁书

清末变法时，有两句话说"消磨天下英雄气，八股文章台阁书"。因此大家纷纷要推翻科举制度的框框，希望学术教育开放自由发展。但清末民初之间，在极力推翻八股取士制度以后，近百年来的现代教育，又限于当局自定的思想意识形态之中，学术科目形成新"八股"，比之旧八股更拘束困扰人才。如此过犹不及，要想造就通达之才，更不可能。在我"顽固、落伍"的思想中，看到现代的教育，则有无限的悲凉、哀伤。尤其现代教育造就出来的人才，通才越

来越少，专才越来越多。专才固然不错，但是一般人意识都落在框框条条款款之中，很难跳脱。再看未来时势的演变，是趋向专才专政，彼此各执己见，沟通大大不易，因此处处事事都是障碍丛生，这都是更加严重的问题。

能够明道而又通达的人士，愈来愈少，社会也愈将演变得僵化。在这些问题还未表面化的时候，这个道理，大家不会有深刻的了解，我在这里先作预言（编者按：讲此课是一九七六——一九七七年之间），在今后的五十年到一百年之间，全世界即将遭遇到这种痛苦。虽然我这个预言，似乎言之过早，而言之过早的人，往往会像耶稣那样，被钉上十字架。但是言之过迟，则于世无益；如果不早不迟地说出，则恐怕来不及了，所以只好在此自我批判，有如痴人说梦，不知所云了。

——《孟子旁通（中）》（尽心篇）

我现在问这些学者，你们光骂八股文，八股文

章你懂不懂？我看没有一个懂。我说你看都没有看过，八股文章你不要轻视不要骂喔，八股文章也蛮有逻辑的，有它的文学。所谓八股，一个题目，你看准了题目的内容是什么，第一个先说正面的理由，再加上反面理由，两股了；然后第三股综合起来。所以一篇文章有起承转合。八股文是不好，我们当年也骂，所以有两句话，"消磨天下英雄气，八股文章台阁书"，考试是消磨天下英雄气。现在的联考也是消磨天下英雄气。过去用功名把天下英雄消磨了，现在天下英雄还只有十一二岁而已！可是已经把他的头脑、眼睛都消磨了（众笑）。太可怜了！这个教育，我非常痛心的啊！

假使我来搞教育的话，我是快要死的人啦，当然是假使。把现在这个教育制度，这个学校统统废掉，不要浪费钱。有最好的办法，不浪费钱，而每个培养出来的是人才，那是真办教育了，这个闲话不说。

"消磨天下英雄气，八股文章台阁书"，什么是台阁书啊？写得规规矩矩的毛笔字，专门给皇帝看

的。可是想想这两句话，我看到现在的文章，还是这样，不晓得叫什么八股！有个名称的，我就不讲了！国民党那些文章，我们讲他党八股，也不看的，非常长篇，没有内容，也是消磨天下英雄气啊！再加用原子笔写字，把书法也消磨完了。这样的教育很严重。

——《南怀瑾讲演录：2004—2006》

财富的最终归宿是什么?

——富无经业,货无常主

"由此观之,富无经业,则货无常主,能者辐辏,不肖者瓦解。"《货殖列传》这几句话千万记住!我看司马迁人生的学问都在这里。"富无经业",怎么样发财没有一定的,也没有长久的,哪一行、哪一业不一定,最后是靠你的智慧,不能说哪一行对,或者可以一直发达下去。

第二个,"货无常主",财富不会永远属于你的。我也常常告诉大家,财富是个什么东西?拿哲学道理,尤其是佛学的道理讲,财富属于你的所用,不

是你的所有。你一生再多的钱，只有临时支配的使用权，并不是你的所有，而且只有你用到的、真用得对的，才是有效的，否则都不是。

我们从妈妈肚子里出来，两手空空的，最后还是两手空空地走。孩子生下来，这个手就是抓着，大指头放在里面。人一辈子都是抓，光着屁股来，什么都抓，到死的时候放了，这就是人生。

所以我常常给大家讲，有一个经济学你们没有看过，释迦牟尼佛的经济学。释迦牟尼佛他讲一个原理，他说这个钱啊，你只有五分之一的临时支配权，有五分之四不属于你的，财富多的也一样。他说第一份要给政府；第二份是盗贼的，骗你、抢你的、偷你的钱；第三份属于你的疾病；第四份属于你的家人、兄弟、朋友。除了这个以外，你只剩下五分之一。这五分之一，还并非你的所有，只是你临时可以支配使用而已。我说他的经济学最高了，其实那五分之一也要自己真正用了，而且用对了，才是有效的。又有一说，世间财物，为五众所共享，"王、贼、水、

火、恶子"。

司马迁这里没有讲得这么深刻，但是他讲"富无经业，货无常主"，要注意，不会永远属于你的。所以中国古人说："富不过三代。"依我这八九十年的经验来看，三代都不会，富不过二代的很多。一下子就变了，没有了。所以"能者辐辏"，有能力的就赚来，其实不仅仅是靠能力或劳苦，还要其他很多因素凑拢来，像车子的轮子一样，一条一条辐条凑拢来。"不肖者瓦解"，能力不够了，或者其他条件不行了，一下就没有了。

——《漫谈中国文化》

英雄项羽为何会失败？
——富贵不归故乡，如衣锦夜行

那位"力拔山兮气盖世"的楚霸王，年纪轻轻，逐鹿中原，征服群雄，登上楚霸王的宝座时才二十多岁，就"天下侯王一手封"了。后来的汉高祖，当时还是他手下所封的一名汉王哩！他在风云得志、意气飞扬的时候，有些老成、忠心的大臣建议他不要回江东立都，而应该以咸阳作为号令天下的首都。结果这位霸王得意非凡地说："富贵不归故乡，如衣锦夜行"，到了万乘之尊的地位，不回故乡风光一番，就好比穿了漂亮衣服在夜里走路。我们现在的漂亮衣

服大都是晚上穿，因为夜晚街上比白天还光彩明亮。但是几千年前穿了漂亮衣服走夜路，可没人看得见。

项羽这个"富贵不归故乡，如衣锦夜行"就是大动心，志得意满，不知道居安思危。所以尽管他有"力拔山兮气盖世"的高强武功，但却不能成大事，天下一手得之，又一手失之。其实富贵归故乡，充其量听那些老太婆、老头儿们指指点点地说，项羽啊！你这个小子真了不起！但是，这又怎么样呢？

现在我们看历史，批评别人容易，一旦自己身临其境，要做到富贵不动心，功盖天下而不动心，真是谈何容易！

—— 《孟子旁通（中）》（公孙丑篇）

谈钱就俗了吗？
——不谈未必是清高

真正大廉的人，"不嗛"没有谦让，这个字，同谦虚的谦是相通的。"大廉不嗛（谦）"，怎么叫不嗛呢？譬如说廉洁的人不爱贪钱，贪钱不好。关于这个问题，他说一般知识分子标榜做清官，连个钱字都不敢提，所以中国的这个钱字还另有一个别号，叫"阿堵"，是南北朝的事。当时有一个人很清高，做了大官以后，人家给他送钱送红包，一概不要，太太及家里的人生活要紧啊！想弄些钱。后来家里人没有办法了，等他睡着后，摆些钱在他床前面，隔天早上

下床，总要讲把钱拿开吧！结果他醒来一看，哎哟！他说把这些"阿堵"拿开，阿堵的东西堵住了，还是不谈钱，所以叫作阿堵。

但是到了清朝袁子才，一句诗就把千古这个"大廉不嗛"的道理说完了。他说："不谈未必是清高"，这个钱字谈都不肯谈，未必是真正的清高，因为你心中还有钱字的观念在，还有怕与不怕。真做到了最高处，无所谓了，谈钱就脏吗？爱钱不爱钱不在这个地方。"廉洁"这个廉，当然是不爱钱；岂止不爱钱啊！真正的廉洁就是人生"冰清玉洁"，任何的行为做到一清二白，并不一定是指不要钱。一个人真正做到了冰清玉洁的时候，他反而没有什么嗛；这个嗛，不是说他不谦虚，而是他用不着标榜自己这个叫廉洁了，所以是大廉不嗛。

我经常说一个笑话，这个道理拿猪来比，实际上，世界上最爱干净的是猪，研究生物学的人都懂。你看那个猪，一天到晚用嘴来拱大便啊！泥土啊！因为猪讨厌脏的，看到脏的就拱开。所以人人以为

猪是脏，其实是最爱清洁，一点脏都看不惯，结果，它越拱越脏。由这一个生物性情的爱好，我们可以了解，人生真做到了冰清玉洁，一尘不染，不一定是真正的清廉。倒是那些在浑浊的世界打滚，心里头不着外面一点形象的人，反而可以做到大廉，这就是庄子所讲大廉不嗛的道理。

——《庄子諵譁》

能够做到这两句话，一辈子的修养就很成功了

——世事洞明皆学问，人情练达即文章

《红楼梦》的主角贾宝玉，这个活宝，不大肯读书，他的父亲在他书房里挂了一副对子："世事洞明皆学问，人情练达即文章。"实际上这两句话，一个人一辈子的修养如果能够做到的话，就是非常成功了。世事都很洞明，都看得很透彻，这是真学问；练达就是锻炼过，经验很多，所以对于人情世故很通达，这是大文章。本来这一副对子，是人生哲学的最高名言，可是我们这位少爷贾宝玉，最讨厌这一

副对子，也就是道家庄子的这个思想。真洞明，真练达了，就会由极高明而到达平凡。这一类的思想在中国哲学里，是非常特殊的。

——《庄子諵譁》

　　所有众生一动思想，一有情绪就是颠倒。世法与佛法是同样的道理，我常常鼓励出家的同学要懂世法，世法懂了，佛法就通了。《红楼梦》里有两句话："世事洞明皆学问，人情练达即文章。"贾宝玉一辈子最讨厌这两句话，这两句话是贾宝玉的父亲亲自所写，挂在贾宝玉的书房里，借此教育他，后来，贾宝玉懂了这两句话，也就出家当和尚去了。其实，什么是世间法？什么是出世法？《红楼梦》全都给你点出来了，只是一般人看不懂罢了。我们从颠倒的观念来看世间，很多人做人处世，无一不颠倒，时时颠倒，处处颠倒。本来很简单的一件事，好好的一件事，搞到后来，吵起架来，大家弄得不愉快，就是因为世事不能洞明，人情不够练达，把事情搞颠倒了。

再说，人们不只是世间法颠倒，严格说来，念佛打坐想成佛，是不是也颠倒？这是个大问题，因为佛不在念中求，佛不在坐中求，更不在拜拜中求。那么，佛究竟从何处求？假如这个问题没有搞清楚，目标都迷迷糊糊，你说你学佛，岂不颠倒焉哉？

——《圆觉经略说》

道破千古人情的三句话
——文人千古相轻，宗教千古相仇，江湖千古相忌

　　自古文人相轻，千古以来文人都看不起别人。老话说，文章是自己的好，太太是别人的好，这是中国人的通病。人的心理都如此，不只是知识分子，你看佛教界里也是，批评这个法师那个居士不对，甚至骂人。佛教怎么会兴起来？都不团结。所以你们问我，某某人这么讲的对不对，我从不答复。你不提人名，说有件事这么说对不对，我或许会答复你。

　　文人千古相轻，我说，宗教是千古相仇。不管信的什么教，信教的人彼此是仇人啊！比文人还厉害。

越是信教的，那个恨人的心理越比普通人重。佛说无我相、无人相、无众生相、无寿者相，结果宗教团体的人我是非特别多，我听了就烦。那么江湖呢？江湖是千古相忌。文人千古相轻，宗教千古相仇，江湖千古相忌，这几句把世故人情都说完了。

你们在这里号称修行，是不是真修行？考考自己。一个学佛的胸襟气派一定要大，能够包罗万象，对的就对，不对就不对，这种小事没什么了不起。话说回来，同学们固然不对，作者听了这些闲言闲语心中烦恼，也太没有程度了。叫你们读的《昔时贤文》，其中有一句我七八岁时就背了："谁人背后无人说，哪个人前不说人"，哪个人背后没有人批评啊？那两个人碰到了，不讲别人的事讲什么啊？这就是人。老夫妻俩在房中讲媳妇怎样、儿子怎样，也是在讲人。所以把人世间这些东西看通了，听了那些话都是狗屁不如，这样你就胸襟大了。

我以前做过领导的，部下在我面前，我讲什么，"是"都喊得大声，背着我可就有花样了。任何人对

你喊万岁，将来叛变的就是他。越恭维得厉害，越靠不住。我经常同那一班在做事的人说，绝对喊服从的人问题最大。有些翘头翘脑的，你吩咐他就这么办，他不同意，真是讨厌，可是他有他的理由，而且是对的。这时候你坐在上面的人，意志就要像刀一样，把自己这个不快的心理硬是切下来。桌一拍，好！就照你的办！这样才可以做上面的人，很痛苦啊！

　　　　　　　　　　　——《维摩诘的花雨满天》

世间最不缺少的，就是风言风语
——谁人背后无人说，哪个人前不说人

天底下有许多谣言，但是"谣言止于智者"。谁看到？我表哥；把表哥找来问，表哥说是老李；把老李找来，结果是鬼看到，人没有看到。这个原因就是人爱犯口过。

两舌，两面讲话，讨好人。所以做主管的人，经验久了有心得，很简单，来说是非者便是是非人。在上面位子坐久了，这方面头脑要清楚。甲来说乙，甲跟乙之间早已有了意见、过节，如果没有意见，好得像亲家一样，他会来说他坏话吗？他只会讲他好话。

但是你也要晓得，如果甲来讲乙的好话，也同样是问题。所以主管当久了，我承认一句话：老奸巨猾。在一个聪明、高明人面前，你少说话，你一提某人好坏，立刻被怀疑，"你这家伙干什么？某人好坏我还不晓得？要你来多嘴？"

像我经常碰到这种事。什么人好坏我还不晓得？我活了几十岁，两只眼睛是瞎的吗？如果我看错了，那我承认我瞎了眼睛，但是你本身也犯了两舌戒，喜欢挑拨是非，尤其是妇女特别喜欢，无事生非，破坏人家。其实，岂止是妇女，男人也一样，不过，方式不同。人总喜欢这么做，就是古人两句话："谁人背后无人说？哪个人前不说人？"人与人见了面，一定讲人家，两个人一见面，"嗳！你看到某人没有？""没有看见。""这个家伙好几天没看见，不晓得搞些什么？"这就在说人家了。在人面前说别人，这是众生与生俱来的业力。

——《药师经的济世观》

上台容易下台难

——相逢尽道休官好，林下何曾见一人

人在上台与下台之间，尽管修养很好，而真能做到淡泊的并不多。一旦发表了好的位置，看看他那个神气，马上不同了。当然，"人逢喜事精神爽"，这也是人情之常，在所难免。如果上台了，还是本色，并没有因此而高兴，这的确是种难得的修养。下台时，朋友安慰他："这样好，可以休息休息。"他口中回答："是呀！我求之不得！"但这不一定是真心话。事实上一个普通人并不容易做到安于下台的程度。所以唐人的诗说："相逢尽道休官好，林下何曾

见一人！"这是描写当时在朝做官这种情形，古今中外都是一样，不足为怪。不但中国，外国也是一样。"不喜不愠"，这是很重要的修养。

——《论语别裁》

论"清高"

——仗义每从屠狗辈，负心多是读书人

　　高尚之士谈天下事，谈得头头是道。不过，天下事如果交给他们办，恐怕只要几个月就完蛋。国家天下事，是要从人生经验中得来。什么经验都没有，甚至连"一呼百诺"的权势经验都没有尝过，那就免谈了。否则，自己站在上面叫一声："拿茶来!"下面龙井、乌龙、香片、铁观音，统统都来了，不昏了头才怪，你往地上看一眼，皱皱眉头，觉得不对，等一会就扫得干干净净。这个味道尝过没有? 没有尝过，到时候就非昏倒不可。头晕、血压高，再加上心

脏病，哪里还能做事？一定要富贵功名都经历过了，还能保持平淡的本色，最了不起时是如此，起不了时还是如此；我还是我，这才有资格谈国家天下事。不然去读读书好了。至于批评尽管批评，因为知识分子批评都很刻骨，但本身最了不起的也只能做到清高。严格说来普通一般的清高，也不过只是自私心的发展，不能做到"见危授命"，不能做到"见义勇为"。所以古人的诗说："仗义每从屠狗辈，负心多是读书人。"这也是从人生经验中体会得来，的确大半是如此。屠狗辈就是古时杀猪杀狗的贫贱从业者，他们有时候很有侠义精神。历史上的荆轲、高渐离这些人都是屠狗辈。虽说是没有知识的人，但有时候这些人讲义气，讲了一句话，真有去做了；而知识越高的人，批评是批评，高调很会唱，真有困难时找他，不行。

讲到这里，想起一个湖南朋友，好几年以前，因事牵连坐了牢。三个月后出来了，碰面时，问他有什么感想？他说三个月坐牢经验，有诗一首。是特别

体裁的吊脚诗，七个字一句，下面加三个字的注解。他的诗是："世态人情薄似纱——真不差，自己跌倒自己爬——莫靠拉；交了许多好朋友——烟酒茶，一旦有事去找他——不在家。"我听了连声赞好。这就和"负心多是读书人"一样，他是对这个"清"字反面作用的引申；对社会的作用而言，就是这个道理。

——《论语别裁》

人与人的交往，势利才是常态

——有酒有肉皆兄弟，急难何曾见一人

在若干年前，我住的一条街巷里，隔邻有一家，便是一个主管官员，逢年过节，大有门庭若市之慨。有一年秋天，听说这家的主人，因事免职了，刚好接他位子的后任，便住在斜对门。到了中秋的时候，进出这条巷子送礼的人，照旧很多。有一天，前任主官的一个最小的孩子，站在门口玩耍，正好看到那些平时送礼来家的熟人，手提着东西，走向斜对门那边去了。孩子天真无邪的好心，大声叫着说：某伯伯，我们住在这里，你走错了！弄得客人好尴尬，

只有向着孩子苦笑，招招手而已。有人看了很寒心，特来向我们说故事，感叹"人情冷暖，世态炎凉"。我说，这是古今中外一例的世间相，何足为奇。我们幼年的课外读物《昔时贤文》，便有："有酒有肉皆兄弟，患难何曾见一人？""贫居闹市无人问，富在深山有远亲。"不正是成年以后，勘破世俗常态的预告吗？在一般人来说，那是势利。其实，人与人的交往，人际事物的交流，势利是其常态。纯粹只讲道义，不顾势利，是非常的变态。物以稀为贵，此所以道义的绝对可贵了。

——《老子他说（初续合集）》

世上最难是一块钱

——美人卖笑千金易，壮士穷途一饭难

我常常跟同学们讲，我父亲是遗腹子，我父亲出生时，我的祖父已经去世了，他自己读书学问也蛮好，后来做生意，靠自己站起来操持这个家庭。他告诉我一副对子，"富贵如龙，游尽五湖四海"，一个人有钱有地位像一条龙一样，非常自由，游尽五湖四海，这是富贵的重要；"贫穷如虎，惊散九族六亲"，一个人穷了像老虎一样，亲戚朋友看到都害怕，认为是来揩油的。所以我父亲常常告诉我，"孩子啊！小心节省，一文钱逼死英雄汉啊！"一块钱会

逼死你，最难是一块钱。所以我常常引用古人的诗，"美人卖笑千金易"，现在老板有了钱，到外面乱来，包二奶，讨姨太太，撒手千金万金，多容易！"壮士穷途一饭难"，一个了不起的人才，穷途末路，饭都没得吃。这些都是我从小受的教育，深知这个道理。

——《廿一世纪初的前言后语》

古人说："人间莫若修行好，世上无如吃饭难。"又说："美人卖笑千金易，壮士穷途一饭难。"俗话说的"一钱迫死英雄汉"，"人是衣服马是鞍，金钱就是英雄胆"，等等，都是很平实坦白地说明"食"和"货"，确是人类基本需求、不可或少的东西。但从人类文化的人生哲学角度来讲，"名、利、财、货"，"富贵功名"，"权位金钱"，都只是在生存、生活上，一时一地的应用条件而已。它的本身，只能作为临时临事所需要支配的机制，根本上，它都非你之所有，只是一时一处归于你之所属，偶尔拥有支配它的权利而已，并非究竟是归于你的所有。因为你的生命也和

"功名富贵"那些现象一样，只是暂时偶然的存在，并非永恒不变的永生。可惜那些大如开国的帝王们，小如一个平民老百姓，大都不明白"货悖而入者，亦悖而出"的因果法则，都以为那是我所取得的，而且千秋万代都应统属于我的所有。谁知恰恰相反，翻而变成后世说故事的话柄，惹得人们的悲欢感叹而已。如果能够在这个利害关头，看得破，想得开，拿得稳，放得下的，就必须先要有"知止而后有定"，乃至于"虑而后能得"的平素涵养功夫。尤其对于"物格"、"知至"的道理，是关于"内明"、"外用"的锁钥，更须明白，然后才能起用在"亲民"的大用上，完成"诚意、正心、修身、齐家、治国、平天下"的功德。

——《原本大学微言》

这两个绝对矛盾的心理，是人类最大的毛病
——爱之欲其生，恶之欲其死

　　领导人对部下，或者丈夫对太太，都容易犯一个毛病。尤其是当领导人的，对张三非常喜爱欣赏，一步一步提拔上来，对他非常好，等到有一天恨他的时候，想办法硬要把他杀掉。男女之间也有这种情形，在爱他的时候，他骂你都觉得对，还说打是亲骂是爱，感到非常舒服。当不爱的时候，他对你好，你反而觉得厌恶，恨不得他死了才好。这就是"爱之欲其生，恶之欲其死"。爱之欲其生的事很多，汉文

帝是历史上一个了不起的皇帝，他也有偏爱。邓通是侍候他，管理私事的，汉文帝很喜欢他。当时有一个叫许负的女人很会看相，她为邓通看相，说邓通将来要饿死。这句话传给汉文帝听到了，就把四川的铜山赐给邓通，并准他铸钱（自己印钞票）。但邓通最后还是饿死的。这就是汉文帝对邓通爱之欲其生。当爱的时候，什么都是对的，人人都容易犯这个毛病，尤其领导人要特别注意。孔子说："既欲其生，又欲其死，是惑也。"这两个绝对矛盾的心理，人们经常会有，这是人类最大的心理毛病。我们看这两句书，匆匆一眼过去，文字上的意义很容易懂。但详细研究起来，就大有问题。所以我们做人处理事情，要真正做到明白，不受别人的蒙蔽并不难，最难的是不要受自己的蒙蔽。所以创任何事业，最怕的是自己的毛病。以现在的话来说，不要受自己的蒙蔽，头脑要绝对清楚，这就是"辨惑"。譬如有人说"我客观地说一句"，我说对不起，我们搞哲学的没有这一套，世界上没有绝对的客观，你这一句话就是主

观的，因为你说"我"，哪有绝对的客观？这就要自己有智慧才看清楚。这些地方，不管道德上的修养，行政上的领导，都要特别注意。"爱之欲其生，恶之欲其死。"是人类最大的缺点，最大的愚蠢。

——《论语别裁》

世人皆困于这十二个字

——看得破，忍不过，想得到，做不来

佛说要努力精进降伏自己心念思想的烦恼，烦就是扰乱，恼就是困扰，讨厌的意思。人生就是在困扰中过一辈子，人的一生都在烦恼中度过，甚至连做梦都还在烦恼，烦恼的根本就由我见来的。"起大勇猛"，就是发狠心。发狠心很难，现在学佛修道的人很多，哪有几个人真发狠心修行？无论念佛也好，持咒也好，打坐也好，哪有人精进勇猛？都把学佛当消遣，想到的时候，或是遇到挫折的时候，才念念佛、打打坐，都没有勇猛切断的决心，世人都是"看

得破，忍不过，想得到，做不来"，不是大勇猛的人做不到。

——《圆觉经略说》

历史上有许多人是见义不为，对许多事情，明明知道应该做，多半推说没有办法而不敢做。我们做人也是这样，"看得破，忍不过。想得到，做不来"。譬如抽香烟，明明知道这个嗜好的一切害处，是不应该抽，这是"看得破"，但口袋里总是放一包香烟——"忍不过"。对于许多事，理论上认为都对，做起来就认为体力不行了，这就是"想得到，做不来"。对个人的前途这样，对天下事也是这样。这是一个重要问题，所以为政就是一种牺牲，要智、仁、勇齐备，看到该做的就去做，打算把这条命都付出去了。尽忠义，要见义勇为。

——《论语别裁》

看人要看大节

——慷慨捐身易，从容就义难

"临大节而不可夺也"，小事糊涂没关系，面临大节当头时，怎么都变动不了才行。历史上许多忠臣义士，临大节而不可夺，最有名的如文天祥、陆秀夫，可以说是儒家的光荣人物。但是研究文天祥的生平，上半生风流放诞，花花公子，他做太守的时候，歌姬如林，一天到晚喝酒听歌。可是当国家大难来临的时候，连与太太儿女们告别的时候都没有。尤其难得的是从容就义。所谓"慷慨捐身易，从容就义难"。而且他从容到什么程度呢？元朝的忽必烈，对

他十分尊崇、十分重视，硬是空着宰相的位置等了他三年，只要他一点头，就可以在一人之下万人之上。忽必烈和他谈过好几次，口口声声尊称他文先生，推崇他，要请他出来，他就是不答应。这样坐了几年牢，最后一次和忽必烈谈话时，他对忽必烈说，你这样对我，推崇我，我非常感谢你，也可以说你是我一个知己，既然是知己，那你就要成全我。忽必烈见他在牢里三年，始终如此，知道实在没有办法了，于是答应他说，好吧，那就明天吧！文天祥听了这句话，马上就跪下来说，谢了！谢了！在他三年坐牢的时候，他的一个学生，恐怕他受不了而变节，备办了三牲祭品，并写了一篇祭文去生祭他。文天祥照样吃了祭品，看了那篇祭文，然后让人转告他的学生，要他们放心，他绝不会做对不起宋朝的事情。他的上半生，吃、喝、玩、乐，什么都来，可是"临大节而不可夺"。所以我们平时看到一些人好像吊儿郎当的，但是不要因此而轻视他们。我们就曾看到，平时好像很随便，私生活不太检点的人，

临危时，却绝对不马虎。所以看人要看大节。

——《论语别裁》

    《孝经》是孔子学生曾子著的，我们要研究孝道，就必须看孔子思想系统下的这部《孝经》。《孝经》中说什么样子才是孝呢？不单是对父母要孝，还要扩而充之大孝于天下，爱天下人，谓之大孝。为政的人以孝子之心来为政，也就是我们所讲公务员是人民公仆的道理一样的，所以后来发展下来，唐宋以后的论调："求忠臣必于孝子之门。"一个人真能爱父母、爱家庭、爱社会，也一定是忠臣，因为忠臣是一种情爱的发挥。假使没有基本的爱心，你说他还会对国家民族尽忠吗？这大有问题。关于忠字有一点，是古人讲的："慷慨捐身易，从容就义难。"慷慨赴死是比较容易的，等于西门町太保打架，打起来，不是你死就是我死，脾气来了，真是勇敢，视死如归；假如给他五分钟时间去想想看该不该死，这就要考虑了，"从容"——慢慢地来，看他愿不愿意死，

这就很难说了。所以说忠臣必出于孝子之门，要有真感情、真认识的人，才能够尽忠。

——《论语别裁》

一生妙用无穷的八个字
——投隙抵时，应事无方

"投隙抵时，应事无方"，这八个字要紧得很啊！你懂了以后一生妙用无穷，包你不会饿饭，随便哪里都可以找到工作，大的大做，小的小做。"投隙"，隙就是有空隙的地方，你说你是个博士到处找不到工作，现在为了吃饭，有个地方需要一个工友，这个地方有这个空隙你就来。不要说我是什么博士啊！问你学历，只说我小学毕业，工友的事情我少年时候都做过。问你认不认得字啊？大字认得几个，小字不认得，因为目的是来做工友，要工作啊！在战争

的时代，到了外地，人生地不熟，要解决吃饭问题嘛！如果说自己学问怎么了不起，你完了，那你只有两只脚剁掉，或者被人家宫刑。天下任何事总有一个空隙，要把握那个空隙去应用。"抵时"，掌握住那个时间，就是跟人家讲一句话也要找时间。常常有些同学来找我，看到我正忙的时候，他也不管三七二十一，老师啊！我有事给你讲。我说，我这里正忙，你等一下。这就是不晓得"抵时"嘛！那个时间不对，再搞不好只有挨骂的份了。"投隙抵时"，万事都有它的空隙，在那个空隙里头就是你的天地，能建立你的事业，所以要把握那个原则。

"应事无方"，在世界上做人做事，没有呆定的方法，也没有呆定的方向，也没有呆定的原则。像有时候跟年轻同学一谈，哎呀！我是学工商管理的，以我的工商管理看⋯⋯他贡献了很多的意见。我说你给我上的课听完了，对不起，你讲的那些我都懂，我这里都用不上。他这个是呆板，自己设一个方位看天下事，也就是职业病了。你跑到一个工厂里头，

大家都在忙、在做工的时候，你说我是学心理学的，给你们讲心理学，那不是疯子吗？那个时候是不能讲心理学的，那时要做工耶！一分一秒都是钱耶！所以要懂这个道理，发挥起来很多。

但是这个原则你尽管懂了，你也听了《庄子》、《列子》，但是你还是不行，什么道理？"运用之妙存乎一心"，智慧、头脑不同，有智慧的人拿到一用就对；等于一个照相机，聪明技术高的人一照，那就是好，最新最好的照相机给那个笨蛋，照起来变鬼相了。所以"应事无方，属乎智"，这个智啊，智慧可不等于聪明，聪明是属于后天头脑，一堆学识知识凑拢来，可以了解的。

——《**列子臆说**》

倒霉时，勤理发
——只重衣冠不重人

杨朱的兄弟回来碰到下雨，把素衣换成深灰色或者蓝色的衣服回家。"其狗不知，迎而吠之"，这个狗认不得主人了，狗眼看人低，乡下养的狗，不是我们抱在家里吃牛肉的狼狗，但也差不多，狗看见穿破衣服的叫花子来，它就叫；衣服穿得很整齐的，它不叫了，所以狗是认衣服不认人的。古人经常借这个情形来骂世界上的人，"只重衣冠不重人"，那是当然的。

像我们小的时候老辈子人就告诉我们，年轻人出

门，像大学毕业后两三年找不到工作，那个倒霉相，皮鞋也破了，西装牛仔裤已经发白了，头发留得长长的，然后履历表到处送，一看到就晓得是个倒霉的青年。碰到这样倒霉时，怎么办啊？勤理发，理得干干净净的；勤洗衣服，哪怕只有一件，晚上烫得笔挺，早晨出来还神气，把裤带缩紧一点，肚子饿了，问你吃了没有，吃了。那神气十足，工作容易找到的，碰到有些老板就会用你了。

——《列子臆说》

中国人的忠义之气

——路见不平，拔刀相助

这个"义"字，有两个解释，儒家孔门的解释讲："义者宜也。"恰到好处谓之宜，就是礼的中和作用，如"时宜"就是这个意思。另外一个解释，就是墨子的精神，"侠义"，所谓"路见不平，拔刀相助"。中国人有这个性格，为朋友可以卖命，我们中国人这种性格，有时候比儒家的影响还要大，为了朋友，认为这条命该送给你，没有关系，帮你的忙给了你，其他民族也有这种精神，可是没有这种定义。我们有这种文化，而且过去中下层社会普遍存

在。这很重要，尤其一个国家在变乱的时候更明显。在抗战期间就看到，老百姓为国家民族牺牲的精神，非常伟大，就是中国文化的表现。有人说这是儒家孔孟思想影响的，并不尽然，其实是《三国演义》等几部小说教出来的。中华民族能够有忠义之气，这是我们民族的特性，特别的长处，所以我们负责教育的，要留意这类问题。

——《论语别裁》

是非太明，并不是好事
——相忘于江湖

　　是非太明并不是好事，善恶太分明，学问太好，知识太渊博，都是自找麻烦，人生是非常痛苦的，"不如两忘而化其道"，善也不作，恶也不作。当然你说善不作，那就作恶吧！既然善都不作了，当然更不作恶，而是善恶两忘而化其道。人生能够把是非善恶毁誉化掉，自己就可以相忘于江湖，相忘于天地，连生死都可以相忘了。

——《庄子諵譁》

善良的人不一定能做事
——慈悲生祸害，方便出下流

　　佛说慈悲，就是中国传统文化的"仁"字同一意义。但佛把"仁"心用两极分开来说，便叫"慈悲"。"慈"是如父（男）性、阳性的爱，"悲"是如母（女）性、阴性的爱。"慈悲"、"仁爱"、"哀矜"本来都是好事，但亦不可以受自己心理的蒙蔽，发展变成偏向的一面。如果变成偏心、偏爱，不但不能"齐家、治国、平天下"，甚至也不能"修身"，不能自处。

　　我们也可以从佛学中去了解"慈悲"另一面的作

用，如说："慈悲生祸害，方便出下流"。这种道理和人生实际行为的结合，"运用之妙，存乎一心"。不然，就犹如现代一般人，在那些报屁股或杂志的尾巴上，看到学到一句"爱心"或"爱的教育"的皮毛，就一味只以"爱"啊"爱"的教养子女，最后多半变成"爱"之反而"害"之了。希望大家真要"好学"、"慎思"，去"明辨"它才对。

——《原本大学微言》

仁虽然好，好到成为一个滥好人，没有真正学问的涵养，是非善恶之间分不清，这种好人的毛病就是变成一个大傻瓜。有许多人非常好，仁慈爱人，但儒家讲仁，佛家讲慈悲，盲目地慈悲也不对的，所谓"慈悲生祸害，方便出下流"。不能过分方便，正如对自己孩子们的教育就是这样，乃至本身修养也是如此。仁慈很重要，但是从人生经验中体会，有时帮助一个人，我们基本上出于仁慈的心理，结果很多事情，反而害了被帮助的人。这就是教育的道理，

告诉我们做人做事真难。善良的人不一定能做事，好心仁慈的人，学问不够，才能不够，流弊就是愚蠢，加上愚而好自用便更坏了。所以对自己的学问修养要注意，对朋友、对部下都要观察清楚，有时候表面上看起来是对某人不仁慈，实际上是对这人有帮助。所以做人做事，越老越看越惧怕，究竟怎样做才好？有时自己都不知道，这就要智慧、要学问。

——《论语别裁》

"故曰：徒善不足以为政，徒法不能以自行"，这是一个大原则；孟子在这里点题，这是中国政治哲学最重要的中心。一个人，一件事，尤其是政治，光有善心没有办法从事政治；光是仁慈，没有办法管理人，没有办法替众人服务。就等于佛家的一句话，"慈悲为本，方便为门"。但是还有两句相反的话，所谓"慈悲生祸害，方便出下流"，慈悲有时生出祸害来了；有时候将就一下，给他一个方便，结果就出下流。所以专门一味只讲仁慈，没有方法，这

个仁慈是没有用的,"徒善不足以为政",这是不行的,尤其是从事政治。

我们这里同学好人特别多,善人特别多,学佛念《金刚经》,都学成善男子、善女人了。不过,善归善,不能做事,要做事的时候,是非善恶不能混淆,不能马虎,徒善就不足以为政,所以要有规矩,要有方法。

"徒法不能以自行",你光讲规矩,光讲方法,也不行啊!像我们有些同学办事,"老师叫我这么办",回来我就骂他,你不晓得变通吗?做事情那么呆板。所以"徒善不足以为政,徒法不能以自行",这是中国历史上一大原则。

——《孟子旁通(下)》(离娄篇)

这才是世上最好的养生

——大肚能容，容天下难容之事

要学着笑，人生何必摆起那个死样子啊？"一日、一月、一年、十年，吾所谓养"，活一天也好，一年也好，十年也好，反正在没有死以前要快活自在，宗旨在这里，这个叫作养生。用不着吃维他命，你就是快乐，这就是中国道家说的"神仙无别法，只生欢喜不生愁"，就会得道。所以你看从前大陆的丛林，不管是显教、密教的修行，已经传道给你了，一个大肚子的弥勒佛，哈哈地笑，弥勒佛前面一副对子，"大肚能容，容天下难容之事；开口常笑，笑世间可

笑之人"，就是先学笑。所以学佛的人先学弥勒佛，学道的人先是"熙熙然"。

——《列子臆说》

精明太过，并不吉利
——察见渊鱼者不祥，智料隐匿者有殃

　　周朝流传下来的话，"察见渊鱼者不祥，智料隐匿者有殃"。这一句话我们注意啊！经常在书上看到，它是出在这个地方，这是两句名言，尤其是一个做领导的人，当然非要精明不可，但是精明要有个限度，而且精明更不能外露，这是中国做人做事的名言。

　　"察见渊鱼者不祥"，一个人眼睛太好了，河里有几条鱼都看得清楚，那是不吉利的，这个人会犯凶事，再不然将来眼睛会瞎。这个道理在什么地方

呢？譬如我们在儒家的书上可以看到，孔子有一天，带颜回一班同学到鲁国的东门去看泰山，好像开同乐会一样。孔子看鲁国的东门时，就问这一班同学，东门有一条白练，像白布一样在走动，不晓得是什么东西。等于孔子测验大家，你们看不看得见啊？结果大家都戴近视眼镜了，看不见。孔子说你们视力太差了，连我老头子都看见鲁国东门有一条白练在走。颜回在旁边说，老师啊！不是一条白练，是一个穿白衣服的人骑在白马上，跑得很快。孔子一听很惊讶，看颜渊一眼，愣了半天不说话，摇摇头。拿我们现在医学来讲，颜回读书用心太过，把精神外露了，所以四十来岁就走了。这是以道家的观点，从生理学上来讲保养精神的道理。

这也是讲做人的道理，觉得自己非常精明，精明里头聪明难，糊涂亦难啊！由聪明转到糊涂是更难！所以精明得太过分了，什么小事都很清楚，"察见渊鱼者不祥"，就是不吉利。这一句话，我们为人处世千万记住，随时可以用到。有时候在处理一件麻烦

事时，你只要想到这个道理，就可以完成很多好事，成就很多事业，自己人生也减少了很多麻烦。

"智料隐匿者有殃"，一个人的智慧很高，很聪明，别人家的隐私虽然你不一定看到，但是一判断就知道。这并不是好事，会有祸害的，这一种祸害的原因那就很多很多了。

这两句是名言，我们现在只是照文字的讲法，而真正运用在人生的境界上，有很多方面。不过注意！也有用反了的，为了这两句话，守住原则不知变通，你绝对变成一个大糊涂蛋，那必然注定失败。所以，运用之妙，还是在于智慧，这是第一点。他这两句话也就解释郄雍之所以被杀了，就因为犯了这两句话的毛病，精明太露，福德、福报就差了。

——《列子臆说》

恩生于害，害生于恩
——送人一斗米是恩人，送人一担米是仇人

我们研究《易经》，都知道综卦。综卦就是告诉我们世界上的事物，都有正反两个力量：有生，有克。生克是阴阳方面的说法，在学术思想上，则为祸福相倚，正与反，是与非，成与败，利与害，善与恶，一切都是相对的，互相生克。如姜太公流传下来的道家经典《阴符经》便说过"恩生于害"这句话，举例来说，像父亲打儿子，儿子挨打很痛，这是"害"，但目的在把孩子教育成人，这就是"恩生于害"。领导人对部下亦是如此。这句话的意义很深。

中国乡下人有句老话，送人一斗米是恩人，送人一担米是仇人。帮朋友的忙，正在他困难中救济一下，他永远感激，但帮助太多了，他永不满足。往往对好朋友，自己付出了很大的恩惠，而结果反对自己的，正是那些得过你的恩惠的人，所以做领导的人，对这点特别要注意。一个人的失败，往往失败在最信任、最亲近的人身上。历史上这种例子很多。这种人并不一定要存心害对他有恩的人，像拿破仑在两个人的心目中，被认为他不配当英雄，一是他自己的太太，一个是他的一个老朋友，因为太亲近，相处太久了，就有不同的观念，在不知不觉中会做出一些有害的事来。这都是恩与害往往互为因果的关系，所以"恩生于害"这句话很重要。

——《易经杂说》

钞票都到你的口袋，朋友就少了
——财聚则人散

青年人要注意一点，如果要想做一番事业，应该知道"财聚人散"的道理——钞票都到你口袋里，社会的人际关系就少了，没有"真朋友"了；"财散则人聚"，孟尝君就是这样，钞票撒得开，解决了别人的困难，自己的钱当然没有了，但是朋友多，人际关系多，有了苦难，则有朋友帮忙。孟子虽然说的是政治原则，用之于人生，也是一样。尽管在有形的财富方面，上无片瓦，下无立锥，然而还是有无形的财富土地，以及自己的学问、思想、人品、真

理等。人生的立场站稳就有"土地"了；有了人格，就有同道的朋友，那就是"人民"；然后有了合乎道德的标准行为，就是"政事"。国家如此，个人也一样，"土地、人民、政事"，这三件是大宝，如果只重钞票，当然"殃必及身"。

——《孟子旁通（中）》（尽心篇）

"何以聚人曰财"，所以我经常开玩笑说，人是钱做出来的，没有钱不好做人。"何以聚人曰财"？我们中国的古训是"财聚则人散"，这个人发了财就没有朋友啦。要人聚便要财散，这要看你走哪个路子了。

——《易经系传别讲》

这两句话就是一部大书

——事到万难须放胆，宜于两可莫粗心

"事到万难须放胆"，事情到了万难，像做生意，今天支票不兑现，明天就要垮，这就看你的镇定功夫了。垮了怎么样？垮了以后所有的脏话，都骂到你身上来了，这个时候便要不动心，做了就做了，倒霉就倒霉，这就是事到万难须放胆。另一句是"宜于两可莫粗心"，宜于两可之间时，这样也可以，那样也可以，这个股票看来时机很好，想想又不对，可以买又不可以买，那就要看定力了。所以说"事到万难须放胆，宜于两可莫粗心"，不要粗心大意。这

种基本的修养要有，中国文化非常简单。

我常说中国的哲学是在文学诗词里头，有些诗词里边一句两句拿出来，就是一部大书，即所谓诗文之道。中华民族是诗的民族，诗的文化，可是现代人都不会做诗了。

——《易经系传别讲》

君子之间的友情什么样子？
——君子之交淡如水

真正的大智慧才是真神通，孔子引申这个道理，认为政治也好，做事也好，要能做到"上交不谄，下交不渎"，就可以达到"知几"，达到"介如石"的境界。不要因为上司提携就逢迎拍马，今天发表你升官，对长官也不拍马屁或谄媚；对部下或不如你的人，也不要轻慢他，仍要尊重他。平常做人就要如此。换句话说，平常的时候态度如此，飞黄腾达的时候也是这样。对有钱的人、没有钱的人都是这样，这是中国文化的精神，后来变成为一句名言，就是

"君子之交淡如水"。

"淡如水"就是没有味道，大家平平淡淡的，老一辈的人自小都会懂。这句话是出自《增广昔时贤文》一书里，过去这是一本很重要的书，我们十来岁都已经会背了，原文是"君子之交淡如水，小人之交甜如蜜"。这个道理，诸葛亮的文章里也有提到。诸葛亮除了功业以外，千古名文只有两篇，就是前后《出师表》，另外留下来的有几封家书。诸葛亮的书信都很短，可见他公事很忙，没有时间说很多话，可是意思都很深远。譬如给他儿子讲交友的信中说，君子之交"温不增华，寒不改叶"。"温不增华"，是说春天到了，花已经开了，不要再加一朵花，锦上添花的事不要来。这也就是"上交不谄，下交不渎"的意思。朋友得意时，不去锦上添花，朋友倒霉时，也不要看不起他，跟平常还是一样。朋友之间的感情不能像是天气一样冷热变化，要永远长青，四季长青，这才是交朋友之道。

——《易经系传别讲》

真做个笨人，也不容易

——难得糊涂

　　我再引用清朝一位才子郑板桥（郑燮）的名言，叫作"难得糊涂"。他是江苏人，出身也很贫寒，自己站起来的，没有考取功名以前，靠卖画教书过活。那个时候教书待遇很低，我们过去家里请来的老师也是那样，不像现在做老师有很好的待遇。所以古人讲"命薄不如趁早死，家贫无奈做先生"，家里太穷了才出来教书过生活。

　　郑板桥后来考取功名，做山东潍坊的县令，潍坊是很有名的文化地区。我曾看过他给家里写的信，

对我影响很深，这个就是教育。他叫家里的子弟们不要一定想多读书求功名，读书读出来，有学问，有功名，又做官，不一定有什么好处。他是个才子，琴棋诗画无所不能，所以他说我们郑家的风水都给我占光了。以后的子弟们要像我这般样样都会，是做不到的啊！你们只要规规矩矩，学个谋生的技术，长大了有口饭吃，平安过一辈子，就是幸福。所以他写了"难得糊涂"四个大字。怎么叫难得糊涂呢？笨一点没有关系啊，但是做人要规矩。他对自己写的"难得糊涂"四个字有注解，你们必须要留意，他说"聪明难，糊涂亦难，由聪明而转入糊涂更难。放一着，退一步，当下心安，非图后来福报也"。

老实讲，哪个父母晓得自己的孩子够不够聪明？像我看我的孩子，跟我相比都马马虎虎，不够聪明。我告诉孩子们，不要学我，充其量读书读到我这样多，事情文的武的都干过，有什么好处啊？没有好处，只有更多的痛苦与烦恼。知识愈多，烦恼愈深；受的教育愈高，痛苦愈大，我只希望你们平安地过

一生。

昨天有个孙子打电话找我，我问："你是谁啊？""我是你的孙子啊！""哦，我知道了，什么事啊？""我的孩子要考某个中学，分数差一点点，他们告诉我，请爷爷您写一封信就行了……"我说："你的孩子男的还是女的啊？"（众笑）我真的不知道，他说是男的。我说："你叫我爷爷对不对？你是我的孙子，你难道不知道吗？为自己的子孙写信，向地方管教育的首长讨这个人情的事，我是不做的，你怎么头脑不清楚啊！""是啦，爷爷！这个道理我懂，可是我被太太逼得没有办法，一定要给你打个电话。"我说："你告诉你的妻子，随便哪个学校都可以出人才，你看我一辈子都靠自己努力，这事绝不可以做。"

今天我这个孙子又给我打电话："昨天爷爷的教训，我都跟家里的人讲了，大家都明白，您是对的。"我说："我知道你心里也不舒服，但你们去反省，读的学校好不好有什么关系？你看世界上的英雄，哪个是好学校毕业的啊？你说历代的状元，每个大学考取

第一名，有谁做出了事啊？那些做大事的人，譬如美国的汽车大王、钢铁大王，都不见得是大学毕业的，为什么要这样注重学历啊？"

所以郑板桥说"聪明难，糊涂亦难"，真做个笨的人，也不容易，就怕孩子不笨，真笨了倒是真规矩、真老实，不敢做坏事。聪明的人容易做坏事，反而有危险，所以"由聪明而转入糊涂更难"。注意第三句话，很聪明，却要学糊涂，这就更难了，一切听其自然，好好努力，这是郑板桥"难得糊涂"的几句话。

——《廿一世纪初的前言后语》

这两句话，解决人生大半烦恼

——知事少时烦恼少，识人多处是非多

我们小时候五六岁开始读书就先背这些，背了几十年，摇头晃脑摇进来的，那些是童子功，现在摇出来啦！"知事少时烦恼少"，知道的事情少，烦恼就少。"识人多处是非多"，认识人太多的地方，碰到就讲是非嘛！可是这些话，我们几十年肚子里知道，嘴巴不敢讲，太消极了一点。但是话说回来，为了养生的话，这两句话真是名言，也是《庄子》里出来的道理，所以知识越高痛苦越深，学问越深烦恼越大。这也是深深体验到的，有时候自己看到书啊！恨不

得把它烧掉，就是被你害的，但是书并没有害人啊！历史上南北朝的梁元帝，最爱读书讲书，最后亡国了，十四万卷的图书，用一把火烧光了；他说我读书几十年，结果还弄得亡国，都是被书害的。你说他笨不笨！所以学问并不害人，要懂这个道理。

"生也有涯，知也无涯，以有涯随无涯，殆矣！"这个道理就是说，人如何做到少烦恼，因为知道得越多，烦恼越深。

——《庄子諵譁》

人类有个最大的毛病

——人之患在好为人师

世界上很多人都好为人师，喜欢为别人的事情乱出主意，总觉得自己的意见比别人好，这也就是好为人师。在心理学上说，人都有领导别人的欲望，佛家说这是我慢习气最重要的关键。人人都有发表欲，其实也是好为人师的一种表现。

搞宗教的人有这种毛病的，比世俗中还多；都是说你拜我为师，我传给你道，你一定会修成功。看了这个情形，只有感叹一声："人之患，好为人师。"最好一生都站在学人的位上，我说的这个学人，不

是指现代的学者或者有学问的人；过去学人是指学习的人，是谦虚之辞，表示自己还在学习之中。

所谓"好为人师"，不一定是去学校里当老师才算。人有一个通病，欢喜指责别人的错误，总以为自己的智慧、学识比别人高明。从另一面来看，如果自己真有好的修养，喜欢帮助别人，那是人性的一个长处；如果自己没有好的修养，而喜欢去纠正别人，就是佛家所说的"贡高"、"我慢"，也就是我们常说的"自以为是"。

所以这个"好为人师"的"师"字，并不一定指学校里当老师的，而是自以为比别人高明的人。甚至一个白痴，当他被别人欺负时，也会向人瞪眼，而认为欺负他的人是大笨蛋，人就有这个毛病。

——《孟子旁通（下）》（离娄篇）

不吹大牛，不说大话

——诸葛一生唯谨慎，吕端大事不糊涂

"是以圣人终不为大，故能成其大"，一个真正的圣人，不吹大牛，不说大话，不狂妄，只是小心谨慎。关于这一点，有人拿历史上的两个人物说明一个做人的道理——"诸葛一生唯谨慎，吕端大事不糊涂"。诸葛亮一辈子的长处，成功要点，就是小心谨慎。吕端是宋朝的一个名臣，大宰相，在历史上这两个人物的处事态度，构成一副很好的对子。吕端这个人平常看起来糊里糊涂，马马虎虎，但是他不是真马虎，他是大智若愚，是真精明假糊涂。他

处理大事一点都不糊涂，他说："我小事马虎，大事不糊涂。"那是自吹的话，真能够对大事不糊涂的人，小事一样看得清楚。就像一个人眼睛很亮的时候，一眼看出去，整个的场面统统都看清楚了，小地方也都看到了。

大圣人因为他不自以为是，不傲慢，不自骄，故能成为真正的伟大。所以圣人之所以成为圣人，就是因为谨慎小心，不狂妄，不傲慢。因此，老子与孔子一样，告诉我们许多做人的名言，也涉及历史上观察人的相术。孔子在《易经》上也讲了很多，孟子也说得不少。

——《老子他说（初续合集）》

碰到最难的时候怎么办?

——一被蒙头万事丢

许多年轻同学常讲，老师，我这几天睡不着。睡不着就睡不着！一天当两天用，还划不来吗！我们一辈子假使活六十年，三十年都在床上。如果三十年不睡觉，等于活了一百二十年，睡不着更好。

又有些人说，老师，我这两天光爱睡。光爱睡就让它睡！我觉得睡是人生最享受的事，我也最爱睡，可惜我没有时间睡，很可怜。我常常觉得"一被蒙头万事丢"，把被子拿来一盖的时候，不空而空，不放下而放下，这是我诗里的句子。所以我常常告诉同学

们，碰到最困难痛苦的时候，睡觉去，睡醒了再说，有时候事情是会转过来的。

——《我说参同契》

真正的礼乐精神

——涉世浅，点染亦浅；历事深，机械亦深

　　真正的诚恳、朴实，就是最好的文化，也是真正的礼乐精神。而后天受这些知识的熏陶，有时候过分雕凿，反而失去了人性的本质。如明朝理学家洪自诚的《菜根谭》——此书两百多年来不见了，清末民初，才有人从日本书摊上买回。其书与吕坤的《呻吟语》是相同的类型。书中第一条就说："涉世浅，点染亦浅，历事深，机械亦深。"涉世，就是处世的经验。初进入社会，人生的经验比较浅一点，像块白布一样，染的颜色不多，比较朴素可爱。慢慢年龄大了，嗜欲

多了（所谓嗜欲不一定是烟酒赌嫖，包括功名富贵都是），机心的心理——各种鬼主意也越来越多了。这个体验就是说，有时候年龄大一点，见识体验得多，是可贵；但是从另一个观点来看，年龄越大，的确麻烦越大。有些人变得沉默寡言，看起来似乎很沉着，似乎修养非常高，但实际上却是机心更深。因为有话不敢说，说对得罪人，说不对也得罪人。假使一个心境比较朴实一点的人，就敢说话了。譬如武则天时代的宰相杨再思，虽然是明经出身，经历多了，做宰相以后，反而变得"恭慎畏忌，未尝忤物"。别人问他："名高位重，何为屈折如此？"他说："世路艰难，直者受祸。苟不如此，何以全身？"因此我们了解孔子所谓的"先进于礼乐，野人也。后进于礼乐，君子也。如用之，则吾从先进"，也是一样的观念，宁可取朴野的，朴野的确更可爱一点。

这里我们讲得很简单，但关系很重要，大家可以体会到孔子"宁取其朴素，不取其机械"的意思。所

以世故与经验，加到人的身上，有时候使人完全变了质，并不是一件好事。

——《论语别裁》

忍还是不忍？
——小不忍，则乱大谋

　　子曰：巧言乱德。小不忍则乱大谋。这两句话很明白清楚，就是说个人的修养。巧言的内涵，也可以说包括了吹牛，喜欢说大话，乱恭维，说空话。巧言是很好听的，使人听得进去，听的人中了毒、上了圈套还不知道，这种巧言是最会搅乱正规的道德。"小不忍，则乱大谋。"有两个意义，一个是人要忍耐，凡事要忍耐、包容一点，如果一点小事不能容忍，脾气一来，坏了大事。许多大事失败，常常都由于小地方搞坏的。一个意思是，做事要有忍劲，

狠得下来，有决断，有时候碰到一件事情，一下子就要决断，坚忍下来，才能成事，否则不当机立断，以后就会很麻烦，姑息养奸，也是小不忍。这个"忍"可以作这两面的解释。

这两句话连在一起的意思就是：一个思想言论，如果认为是小小的事情，无所谓，滥慈悲，滥仁爱，往往误了大事。我们看孔子自己的作为就知道，他在鲁国当司寇的时候，虽只干了三个月，但上台第一件事就是杀少正卯，就是因为他言伪而辩，可以乱正。现在有一派反孔子的人说，孔子杀少正卯是为了自私，因为少正卯思想、学问比他好，学生比他多，他吃醋了，把少正卯杀掉。这些论调，初听似乎很有趣，事实上少正卯是一个很会说话的人，孔子的学生也常常跑去听他讲，当时被他诱惑去了的也很多，所以指孔子为了报复而杀少正卯。当年五四运动打孔家店，和现在批孔的这些歪文章、歪理论都写得很好。这一点我们要注意的，天下写歪文章的人，笔锋都很厉害，很吸引人，有煽动性；而正派的文

章，不易吸引人，好东西写成文章不吸引人；但那些歪才对于正派的东西却写不出来，这也是怪事情。写煽动性文章的，都是少正卯这一类的人，这类人不一定站得起来，可是他的文章会鼓动社会风气，乃至影响整个社会。所以人的讲话、文章，如本身没有道德基本修养，便成为巧言乱德。对于这种事，孔子认为一定要处理，否则成为姑息养奸，也就是"小不忍，则乱大谋"。

我们对"小不忍，则乱大谋"作了这两种解释，姑且可以这样分开来运用：处事的时候，"忍"字可做"决断"用；对人的时候，"忍"应该做"忍耐"、"包容"的意思来用。

——《论语别裁》

大问题都出在小事上

——飓风起于萍末

　　道家的庄子说："飓风起于萍末"，飓风就是现在广东话、福建话所讲的台风，现在西方人用中国语音译过去，也叫台风。我们看到台风的力量这么猛烈，但它在水面上初起的时候，只见到水面上的一叶浮萍稍稍动一下，紧接着水面上一股气流冒上来，慢慢大了，变成台风。道家这句话是说，个人也好，家庭也好，社会、国家、天下事都是一样，如果小事不在乎，则大问题都出在小事上。"飓风起于萍末"，大风暴是从一个小风波来的。所以孔子在《易经》中

说的上面那一段话，说明天下事的形成不是偶然的，几乎没有偶然。平常听人说："这个机会很偶然"，实际上没有偶然的事情。

以中国文化《易经》的道理来说，天地间的事都有原因，有很多因素的。譬如有人捡到一块钱，"这么偶然！"但仔细分析，一点不偶然，它的前因是什么？因为他走出门来了，如果没有走出门这个前因，就不会有捡到一块钱的后果。或者说，坐在家里就掉下一块钱来了，这该是偶然了吧？但是因为他坐在家里，这块钱掉下来他才捡得到呀！假如他出门不坐在家里，掉下来的钱，也不会是他的了，所以坐在家里不出去，也是得到这块钱的前因。因此这些都是因素，"其所由来者，渐矣"，都是慢慢转变来的。《易经》告诉我们，天下的事，没有突变的，只有我们智慧不及的时候，才会看到某件事是突变的，其实早有一个前因潜伏在那里。

——《论语别裁》

什么样的人最难守信？
——轻诺则寡信

　　"夫轻诺必寡信，多易必多难，是以圣人犹难之，故终无难矣。"这是老子把人世间的经验累积起来，告诉我们，一个轻诺的人必定寡信。我经常告诫年轻的同学们，不可随便答允别人的请托。有人托你上街代买一块豆腐，另有个人托你带一包盐巴和糖，你都说可以，结果回来时都忘了，反而害得人菜炒不成，咖啡喝不成，误了别人的事。随便允诺所请则难守信。换句话说，观察一个人，如果是轻诺者，此人多半寡信。

历史上有"侠义道"之说，就是中国的"任侠使气"。喜欢讲义气管闲事的人又叫侠客，这类人脾气大，看不惯不公平的事，自己吃饱饭没有事，喜欢替别人抱不平，坐在家里也吹胡子瞪眼睛。这种"任侠"的人必定"使气"，因为养气不够之故。但是，一个真正"任侠"的人，一定是"重然诺"的。

比如季布，历史上写这个人"重然诺"，就是很重视承诺，你要求他一件事，他不轻易答应，只要答应就一定做到。这种任侠使气的作风演变成后来的帮会流传。现代青年喜欢谈帮会，但并不懂什么是帮会。西门町帮会，那是西门"疔"，那不是帮会。真正的所谓帮会，有个名词"三刀六眼"，就是"重然诺"。当朋友双方有意见吵架时，第三者答应出来调解，这一个答应的人，就要准备把一条命赔进去了。如果两方面不听劝解言归于好，自己抽出刀来，在大腿上插三刀对穿成六个洞眼。这三刀六眼很严重，整个帮会的人再没有不听他调解的话了。任侠使气是为什么？为了别人两方的平安和谐。

司马迁在《史记》上写的《刺客列传》，只举了荆轲这一个人的例子，其实历史上还有很多这样的事例。有人对于人家对自己的好处都不理，等到最后自己老母亲死了才对那人说，你一直对我好，我几十年都记得，为什么不理？因为还有母亲在，现在母亲过世了，我已无牵挂，现在我这条命也是你的，这叫作"重然诺"。所以为人之道，不可轻诺而寡信。人生在世，常想做很多事，帮很多人，结果一样都办不成，因为自己没有那么多的精力，没有那么多的时间。

　　《论语》上面记载，子贡问孔子："如有博施于民而能济众，何如？可谓仁乎？"孔子答道："博施济众，尧舜其犹病诸。"想要布施，救天下的人，少吹牛了，救一个算一个，还算切实一点。有一些人动不动要学佛度众生，而事实上自己的太太或先生都度不了，还度什么众生呢？所以，学佛的人注意，随便发愿度一切众生，犯了一个戒，就是轻诺寡信，这是不可以的。

"多易必多难"，把天下事看得太容易了，认为天下事不难，最后，你所遭遇的困难更重。天下事没有一件是容易的，都不可以随便，连对自己都不能轻诺。有些人年轻的时候想做大丈夫，救这个国家，劝他慢慢来，先救自己，有能力再扩而充之；否则自己都救不了，随便吹大牛，就是轻诺。

今天一位在国外教学回来的人感慨地说："我们从小读书到现在，读了一辈子书，又做几十年事，对于父母所给予恩惠的这笔账，一毛钱也没有还过。"他所说的一毛钱，当然不是完全指的金钱，是说一件事情都没有做好，正如《红楼梦》贾宝玉对自己的描述，"负父母养育之恩，违师友规训之德"。许多人，甚至几乎所有的人，活了几十年都还在这两句话中，违背了老师朋友们所规训的道德，一无所成。我们年轻人都应立志，结果，几十年都没有做到自己所立的志向，这也是轻诺。所以，人生要了解，天下事没有一件是容易的。

"是以圣人犹难之，故终无难矣。"圣人之所以

成为圣人，因为重视天下事；他不但不轻视天下事，也不轻视天下任何人。因此，才不会有困难，才能成其为圣人！

——《老子他说（初续合集）》

如何把握交往的分寸感？

——虎生犹可近，人熟不堪亲

子曰：晏平仲善与人交，久而敬之。晏婴，是齐国的大夫，谥名平仲。谥法说，"治而清者曰平"，所以称他为晏平仲，是赞扬他在从政时期把国家政治处理得清明平靖。孔子说他最善于交朋友，为什么呢？不论他与别人交往，或者别人与他交往，时间愈久，他对别人或别人对他，都会愈来愈恭敬的。

的确，交友之道实在很难，太亲近、太熟识了，自然会变得随便，俗语所谓的熟不知礼，就是这个意思。由于熟不知礼，太过随便，日久便会互生怨怼，

反而变成生疏了。所以古人由经验中得来的教训，便很感慨地说"虎生犹可近，人熟不堪亲"，也就是这个意思。

此外，有如清人张问陶的诗说："事能容俗犹嫌傲，交为通财渐不亲。"又如俗语说的"仁义不交财，交财不仁义"，"交为直言亲转疏"等等，也都是从经验中得来的教训。人与人之间，为什么会如此？最基本的原因，因为人的心理作用犹如物理一样，挤凑得太紧，就会产生相反的推排力。因此要在彼此之间保持相当的限度和距离，以维系永恒的感情，这便是礼，也就是敬的作用和好处。

所以我们处朋友之间，如能学到晏子那样，彼此相交愈久愈恭敬，交情自然就会长久了。孔门弟子子游也说："朋友数，斯疏矣。"这也同样是教人在朋友间相处不可以太过亲密，更不可以有太多的要求。

其实，推而广之，岂但交友之道如此，就如夫妇之间许多的事故，也无非太过亲密，才会发生反作用的。所以古礼教人处夫妇之道，也要相敬如宾。

宾，就是客，也就是朋友的意思。一个人如深知此中的利弊，实在会觉得可怕！不过，如能渐渐从学养上做到一个"敬"字，又会觉得有无限的机趣，才真能体会到人生处世，确是最高的艺术。

——《孔子和他的弟子们》

为什么中国人不喜欢打官司？

——乡下人不癫，衙门里断火烟

中国人的文化，老百姓是不愿打官司的，朱柏庐的《治家格言》说："居家戒争讼，讼者终凶。"教我们平常不要与人相争打官司，凡是打官司的，输的一方固然是输，而赢的一方实际上仍然是输。过去有两句民谚："乡下人不癫，衙门里断火烟。"这两句话很有意思。所谓"癫"，就是发疯、患精神分裂的意思。这里所指的乡下人，不一定是居住在农村的农人，而是指遇事不容易想得通达，比较愚顽的人。所以他说，假如是愚顽的人，不发疯似的去和人争

讼、打官司，衙门中就没有收入，恐怕衙门里连饭都没得吃了。

——《老子他说（初续合集）》

经纶之道

范仲淹的忧乐观
——先天下之忧而忧，后天下之乐而乐

宋朝了不起的名儒范仲淹，在他《岳阳楼记》中说："先天下之忧而忧，后天下之乐而乐"，这是脍炙人口的名句，流传万古。后世青年，有人把这两句作为读书做人的目的，且以济世救人为己任。就他的这两句话而言，已经属于"立言"的大事了。

大家都知道，范仲淹出将入相，不过宋代儒家的理学，可以说都是由他一手振兴起来的，许多大儒，也是由他敬重培养成就的。他当年在西北镇守边疆，张载（横渠）年轻时，去西北投军。范仲淹看见他一

表人才，相貌堂堂，对他说：你前来投军，报效国家，这是对的；在我，有你这样的青年来投效，我当然欢迎，不过报国的途径很多，你有更好的前途，可以去努力，何必应募来当兵呢？张横渠还是一腔热血，慷慨激昂，说了一番道理。范仲淹说：年轻人先沉住气，我送你一点路费、一本《中庸》，回去把这本书读好以后，再来找我吧。张横渠听了他的话，就回去读书，后来果然成为一代大儒。

张横渠读书成就以后，有四句名言说："为天地立心，为生民立命，为往圣继绝学，为万世开太平。"这是自宋代以来，为历代读书做学问的知识分子所备加尊奉的。其实张载这四句名言，与范仲淹所说的"先天下之忧而忧，后天下之乐而乐"，互相呼应，相得益彰。也可以说，他之所以读书成就，成为名震一时的关西大儒，其中受范仲淹的影响，最为深远。

除张载之外，当时由范仲淹培养出来的人才不少，如宋代名相寇准、文彦博等人的成就，都与他

有密切关联。再如宋初山东的名儒孙复，也是范仲淹无意中推崇出来的。

——《孟子旁通（中）》（尽心篇）

什么是经济的本来含义？

——经纶天下，济世救人

　　有关经济学，这个名词的翻译，我经常提，到现在我都不赞成，可是大家已经用惯了。我们有很多由西方文化翻译过来的名词，用的是二手货，是日本人的翻译啊！当时，西方文化向东来的时候，日本人先翻译，原来都是用中文的，所以翻成"经济"，这个大有问题。

　　"经济"二字，在中文里头非常大，是大政治学，所谓"经纶天下，济世救人"，这才是经济，也就是大政治家的学问，包括了政治、教育、军事、文化、

社会等等都在内，不是只讲金融，不是只讲生产的。

可是，当时日本人这样翻了，叫"经济学"。

——《南怀瑾讲演录：2004—2006》

用人的三重境界

——用师则王，用友则霸，用徒则亡

齐桓公后来能够称霸，就是因为用了管仲。齐桓公在历史上是窝囊君王，什么都不能，又好吃好玩，是一个花花公子，就是用了管仲、鲍叔牙，他就成功了。实际上只用了一个管仲，像他那么一个花花公子，能当领袖就是因为懂话、听话；只要是对的，他就听了。"遂召管仲"，马上把管仲从鲁国引渡过来，"鲍叔牙郊迎，释其囚"，听到管仲回来，鲍叔牙很了不起，虽当了部长以上，还跑到飞机场老远在等了，等到管仲来到，马上把他手铐打开。齐桓

公在办公室门口欢迎他，"桓公礼之"，给他行个礼，马上发表官位，"而位于高国之上"，高国是齐国权威最高的，也就是当宰相了。

"鲍叔牙以身下之"，你看看鲍叔牙这个朋友，管仲这一条命都是他救的，管仲穷的时候，吃饭都是靠他的。这个时候，管仲在他的推荐之下当了宰相，鲍叔牙则是"以身下之"。看到他就行礼，看到管仲坐在上位，他绝不敢坐在旁边。这个你们做朋友的注意，要是你们一定在旁边推他一把，喂！老兄，再不然就是老管！鲍叔牙不是这样，这个地方就是值得你们学习了。像我有两位朋友，当年一起都是少将，一位升了中将，两个人本来是好朋友，出去的时候，该在一起嘛！却一个走在前面，一个就站在旁边。我说这就是他的成功，你们懂吧？朋友是朋友嘛，阶级不同，代表国家的职位，公事上他要这样。如果到私人家里，骂架都可以，但不能给人家看见的啊！在公事上，鲍叔牙处处以属下自居。

"任以国政"，这位花花公子齐桓公什么都不管，

一切交给管仲，而且还不称他宰相，也不叫先生，"号曰仲父"，这个名位大了，这个名不是官位，仲是管仲的号，父是代表男性，大丈夫，是对他的尊敬。像刘备对诸葛亮，是朋友相处；齐桓公对管仲，不是朋友相处，是以老师对待，自己是学生的姿态。

中国历史上的名言"用师则王，用友则霸，用徒则亡"，这三句名言什么人说的？孔子的学生曾子说的。"用师则王"，能够谦下于人，把人才当老师看待，则可以称王。"用友则霸"，像刘备用诸葛亮以朋友相处，所以只能守一个小小的局面称霸。"用徒则亡"，用学生，不讲了，下面文章有。这三句名言，古今中外历史，都没有违反这个原则。

——《列子臆说》

中国文化教育的目的是什么?

——读书志在圣贤，为官心存君国

像《朱子治家格言》，是我们当年必读之书，到现在几十年以后，想起来最后两句话，虽然是很落伍，但很有道理："读书志在圣贤"，换句话说，读书求学问的目的是什么? 志在为圣贤，并不是只为了学技术，找待遇好的工作；"为官心存君国"。这是《朱子治家格言》的最后两句话，这个朱子是明末的朱柏庐先生。"读书志在圣贤"，中国文化教育的目的，主要是先完成一个人的人格，技能是附带的。这个话也可以说明，中国的知识分子"读书志在圣贤"。

我们现在是读书志在联考，为官志在金钱吧！是不是这样我不知道。这个《朱子治家格言》在我们脑子里印象非常深，现在几十年回想起来，仍记忆犹新。所以我们这个文化教育的目的太伟大了，求知识读书是志在圣贤，立志做圣贤，做超人。为官呢？为官心存国家天下，现在来讲为官是为人民谋福利。

——《孟子旁通（下）》（离娄篇）

讲中国文化，刚才我们批评读书为了做官，我们从小就要背《朱子治家格言》，这几乎是每个国民必读的。其中有："读书志在圣贤，为官心存君国"，因为观念太深了，一辈子都受它的影响。过去知识分子读书人做官，任何的政策举动，都有一个很严重的观念，就是看政策是否有百年以上的效果；所谓国家百年大计，不是只顾目前。第二个最重要的观念，在个人方面，不能在历史上留下污点，而使子孙永远无法抬头。一般人的观念，岳飞是忠臣，秦桧是奸臣，清朝的时候，有一位秦姓诗人到过杭州西湖

岳坟，在他的诗中有一句，"我到坟前愧姓秦"，因为历史上秦桧实在太丢人了。这种观念哪里来的呢？就是中国教育几千年的习惯，"为官心存君国"。这两种观念，在今天我们文化思想里，好像非常淡了，这是我们文化的悲哀，或者耻辱，或者是问题，必须重新检讨。所以讲文化复兴，中国文化究竟讲什么，这是问题。

看庄子所讲，亡人家的国家，而不失人心，因为他的利泽施乎万世，是千秋万代所仰慕的。"不为爱人"，并不是只为一点爱或仁慈的口号，也不会为爱某一个地区的人；换句话说，圣人所做的不为爱人，而是利泽施乎万世，不为时间空间所限制。这是"圣人之用兵，亡国而不失人心"一个总结论。《大宗师》所谓得道的圣人，是由出世的精神，做入世的事业。

——《庄子諵譁》

国家社会安定了，才有个人的精神享受

——宁为太平鸡犬，莫做乱世人民

　　我们经历这几年的离乱人生——国家、社会、天下事，经过那么大的变乱——才了解国家社会安定了，天下太平了，才有个人真正的精神享受。不安定的社会、不安定的国家，实在是做不到的。时代的剧变一来，家破人亡，妻离子散的悲剧，遍地皆是。所以古人说"宁为太平鸡犬，莫做乱世人民"，而曾点所讲的这个境界，就是社会安定、国家自主、经济稳定、天下太平，每个人都享受了真、善、美的人生，

这也就是真正的自由民主——不是西方的，也不是美国的，而是我们大同世界的那个理想。每个人都能够做到，真正享受了生命，正如清人的诗："天增岁月人增寿，春满乾坤福满门。"我们年轻时候，家里有书房读书的生活，的确经历过这种境界，觉得一天的日子太长了，哪里像现在，每分钟都觉得紧张。如果我们有一天退休，能悠闲地回家种种菜，看看有多舒服！

——《论语别裁》

大家注意，刚才提到这二三十年，是中国历史上几千年来没有碰到过的太平时代，大家该满意了啊！如果大家自己不晓得保持这个安乐、太平，再糊涂乱来，可要会变乱的啊！

古人有两句话，"宁为太平鸡犬，不做乱世人民"。我们七八十年都在这个乱世里头，自己修过来的，至少像我在乱世里头，自己搞懂这个道理，如

何完备自己，如何坚强自己站起来。这个就是修持，就是心性修养的道理。

——《廿一世纪初的前言后语》

怎样才算一个知识分子？
——计利应计天下利，求名当求万世名

　　我常常跟青年同学讲，关于名利两个观念，我们不能不提到一个日本人，就是明治维新的大臣伊藤博文。在晚清中兴那个时代，他跟李鸿章是外交的对手，伊藤博文是日本第一批的留英学生，把西洋的风气引介回国，改变了日本。他有两句名言："计利应计天下利，求名当求万世名。"这是全部中国文化思想，更充分表达了儒家的思想。

所以说，如果只为个人一己之名，行名而失己的话，非士也，这是够不上称为知识分子的。

——《庄子讕譁》

职业和事业有什么不同？
——举而措之天下之民，谓之事业

我们一个人活在世界上，自己如何站起来，其实我们谁也没有躺着。所谓站起来，是一个人在社会上，自己要有所建树。不管你学问的成就如何，官做到多大，财发到多么多，一切功名富贵都不是事业，那只是职业问题。

什么叫作事业呢？我们文化里有个定义，就是孔子在《易经》里下的定义，"举而措之天下之民，谓之事业"。一个人一生的作为，能够影响到社会国家天下，这个叫事业。至于上当皇帝，或者下做乞丐，

只是职业不同。我们普通把职业跟事业两个观念混淆了，搞错了，问你做什么事业，实际上是问他做什么职业。真正的事业并不是钱多少，地位多高，而是对历史的贡献，对社会的影响力。有事业的人，才叫作站起来的人，那叫作"立身"，是顶天立地，站在天地之间，不冤枉做一个人，对历史时代有贡献，有影响。"处世"两个字的意思，就是我们怎么活得有价值，活得很合适，受人的重视爱护。所以"立身处世"就包含《列子》这里提出来的"持身"这个观念。

——《列子臆说》

你们现在工商业做得好，很发财，或者官做得很大，这不是事业，这个是职业。中国文化，什么叫作事业呢？出在孔子著的《易经系传》的一句话，叫作："举而措之天下之民，谓之事业。"一个人一辈子，做一件事情对社会大众有贡献，对国家民族，对整个的社会，都是一种贡献，这才算是事业。

譬如大禹治水，他为中华民族奠定了农业社会的基础，功在万代，这叫事业，真正事业的精神在这里。我们普通人，像你们诸位，对不起哦，大家很发财，都是大老板，而且官也做得好，有财、有官，叫作抬了棺材了。但是，这个是职业，不是事业。

——《南怀瑾讲演录：2004—2006》

中外文化激荡的时代洪流中，如何不被牵着鼻子走?

——中河失船，一壶千金

　　道家有一本书，很多人没有看到过，叫作《鹖冠子》，是隐士神仙之流写的。我们学军事出身的，喜欢带兵打仗，研究军事的书也读，研究政治的书也读。《鹖冠子》里头有一句话叫"中河失船，一壶千金。贵贱无常，时使物然"。

　　"贵贱无常"，这四个字包含很多了，一个人生也好，一个东西也好，值钱不值钱，有没有价值，这是贵贱的问题了。"无常"，没有定律的，会变化的。"时

使物然",时间跟趋势使其如此,社会的演变,时代的演变,环境的变化,产生这个作用。注意哦!中国文化只有八个字,"贵贱无常,时使物然",如果写成经济学、金融学、货币学,起码二十万字的书了。

上面还有句话"中河失船,一壶千金",这是中国文化,你们特别注意!你们这一次来,我送你们这几句话,回去反复研究。怎么叫"中河失船,一壶千金"?一只大船开出去,到了河中间,船坏了,要沉了,这很严重,所有船上的生命财产都会没有了。这个时候什么最贵呢?一个葫芦,"一壶千金",一亿价钱都值,要救命啊!船没有了,抱到那个葫芦,有浮力,人就死不了。

所以我觉得我们国家,经济、财经,包括金融、银行,自己要研究研究,建立自己的体系是非常重要的!不要被人家牵着鼻子走。我是乱讲的啊,不过讲课的时候放言高论,提醒大家要注意这个。我们这个时代走到大河中间了,中外文化也走到大河中间了。

——《漫谈中国文化》

遇到任何复杂困境，记住老子的一句话

——治大国若烹小鲜

本章等于上经第十章的引申。这一章中，有老子的名言，就是中国政治思想史及政治哲学上一句很重要的话："治大国若烹小鲜"。这句话发挥起来，可引述的道理及实例很多，简单地说，"小鲜"像是小鱼，或一块小肉之类的。要注意"烹"这个字，什么叫作"烹"？我们都晓得，做中国菜叫"烹调"，文火叫"烹"，大火就叫"炒"。所以炒菜的火叫"武火"，尤其炒牛肉丝、猪肝都要大火，火开得很大，东西一倒下锅，炒两三下，就要把锅提起，离开大

火远一些，否则炒得老了不好吃。从前学厨师，膀子的力量是要有工夫的。尤其在大丛林里用很大的锅，一样菜要分装二十几大碗，一倒下锅，炒两下，一只手端起来炒，将整锅菜抛向空中，打一个转再落下，那种本事就是少林寺、武当派的武功都比不上；那真有本事，手法快得很，那是炒。

所谓"烹"，是文火、细火，慢慢熬炖。像现在人喜欢吃白木耳，我们现在是电器化了，一般电饭锅煮出来的白木耳，是半个钟头熬出来的，不是烹出来的。以前如何烹呢？从很早五更天亮前开始，油灯点上三四根灯草，上面放一小碗四川万县乌山的白木耳，在阴湿的地方炖，一直到天亮油烧干了，白木耳也炖好了，再放进冰糖，吃到嘴里好像没有东西，一溜就下去，咽都不要咽的，与现在的白木耳味道绝对不同。所以这叫"烹小鲜"。很多名菜都是如此烹出来的，甚至用文火烹上一天两天才好。中国老土话说："请客三天忙，盖房子三年忙，讨个老婆一辈子忙。"精美的菜是要细心烹调的。

讲到"烹小鲜"的道理，是用文火慢慢地、小心谨慎地炖。"大鲜"就不是这样一回事了，大火烹又是另外一种做法，要猛火煎炸。小火是调理"小鲜"，这个道理就像前面所谓"治人事天，莫若啬"，一点点慢慢地烹出来。

为什么说"治大国若烹小鲜"呢？是告诉我们，处理大事要特别小心，要慢一步，不能匆忙大意。青年们前途无量，将来如果做什么大事，不管工商界、学术界，一个大问题到手的时候不能大意，要谨慎小心。但谨慎小心又不要过分，太过分用心，火又太大了，味道就不同了。如果完全不管，则火熄就不成功，所以是"无为而无不为"，也就是"烹小鲜"的道理。

其实我们每人各有不同的人生境界，在遭遇任何烦恼问题时，在很困扰的时候，记住老子这一句话，治大问题"如烹小鲜"，冷静地思考，慢慢地清理，不要怕艰难。大部分的人没有这种修养，当问题来时

就被烦恼困住，一下就被打倒了。所以，要懂得"如烹小鲜"的道理。

——《老子他说（初续合集）》

一个国家，一个民族，这四个字非常重要

——文物衣冠

我说，留学欧美的同学们，你们很年轻，与我来说是忘年之交的朋友，说声对不起，你们高中毕业或者大学毕业就出国留学，中国文化没有打好基础，所以谈不上懂中国文化。从外国留学回来，西方文化真懂吗？我看也没有基础。你们通过考试出国留学，在国外啃面包啃了几年，在一个学校里读书，等于在国家会计学院的小教室里躲了几年，没有交几个外国各阶层的好朋友，对那个国家的上中下层社会

也搞不清楚。

我出去就不同了，我出去架子摆得很大，你们出国还将就外国人，我出国啊一定穿现在身上这个长袍，拿个手杖，中国人有代表中国自己民族的衣服嘛！你们身上穿的都不是，不晓得是哪一国衣服！（众笑）一个国家民族，"文物衣冠"很重要，中国五千年文化，十三亿人口，到现在没有自己的衣冠，这是最大的讽刺、最大的玩笑吧？我从小读书就穿这个，现在还是一样，而且我身上穿的这件长袍，看起来还蛮新的，其实已经四十年了，我所有衣服现在不敢乱穿，穿破了没有人会做了（众笑），很可怜！

——《廿一世纪初的前言后语》

真正的养生，古往今来一句话

——顺天者昌，逆天者亡

　　我们到了午饭过后，人有一点闷，想睡觉，因为阴气生了，就是自然在减。减的时候你不要硬把它拉回来，你只照住它，让它清净，好像要睡眠，其实并不一定睡着，只是顺其自然。这就要做到"顺天者昌，逆天者亡"。这个天并不是宗教，是天地自然的法则，生命的活动配合宇宙的法则规律，就是顺天者昌。违反了，那自找麻烦，自找短命，就是逆天者亡。

——《我说参同契》

《易经》运用的核心
——变动不居，周游六虚

"为道也屡迁"，你如用呆板的法则学《易经》，那就错了。《易经》这一门学问是活的学问，不是死的学问，也就是宇宙的法则。宇宙的法则没有永恒不变的。所以懂了《易经》的道理，也就懂了宇宙的法则随时在变。这也就是佛学所讲的"无常"。宇宙间的事不可能有一刻不变的，变就形成了我们平常说的"时与运"的问题。"时与运"在卦里很重要，看一个卦象，就要看时空两者的关系，时空是相对的，随时都在变动。

其实也不仅《易经》如此，一切学问都是一样。尤其我们做人做事，要懂得"变动不居"，因为宇宙万物随时间空间而变化，一切现象都在变化。你要识变、适变，因此学《易经》、卜卦、算命，同样没有一个呆板的法则。如果有个呆板的法则，你要求的答案就不对了，你的判断也一定不会准确的。

"周流六虚"，"六虚"就是上古文化中的六合，也就是上下四方。东南西北上下就代表了宇宙间的空间。这个道理就是无处不充满，也就是宗教家所讲的神、上帝无所在，无所不在。宗教家把它穿上宗教的外衣，便成了神。事实上无所在，无所不在充满法界，就是《易经》的"变动不居，周流六虚"。周是圆的，表示圆满充实。

——《易经系传别讲》

"易之为书也不可远，为道也屡迁，变动不居，周流六虚，上下无常，刚柔相易，不可为典要，唯变所适。"（《易·系传下》第八章）《易经》这本书是

我们人生中随时随地用得到，不可以远离的书，但是这个法则变动得很大，如以呆板的头脑认定一个固定的法则去学，那就不易懂了。易是活的，尽管懂了它的这些法则，可不要被这些法则拘束住。"为道也屡迁"，要晓得变，不会变没有用，智慧是非常灵活的，《易经》的法则在应用上是"变动不居"的，没有呆板地停留在某处。如卜卦有一动，这个动态如何变化，需要研判，需要了解，做人做事，一开头知道了前因，也就知道了后果，人事社会的法则也永远不会停留的。"周流六虚"，六虚就是六爻，就是六位，东、南、西、北、上、下。人事一切变动，与时间、空间都有关系的，所以"上下无常"没有固定的，刚柔亦是互相变易的，不可看作是固定非如此不可，唯有知道怎样变，才算是知道了《易经》，也才会用《易经》。

——《易经杂说》

天地之心，生生不息

——天心仁爱

中国文化中有一句成语，天心仁爱——天地之心，生生不息。天地的心在哪里？天地无心，看不到一个心脏，也看不到一个思想，天地的心在万物上面表现出来，它生生不息。万物的生命靠天地而生，这就是"天心仁爱"，所以，"天将救之，以慈卫之"。一个人真到达了慈悲心充沛于内在时，上天便自然保佑你。这个上天，称之为上帝也好，菩萨也好，乃至于鬼神也好，都在保卫你，保卫万物。

——《老子他说（初续合集）》

天地一指，万物一马

——乾坤马一毛

　　"天地一指"的"一指"并不是一个手指，而是
一个东西，是一体的意思。"万物一马"是以一匹马
来做比方，整匹的马，有马头、马脚、马尾、马毛
等等。所有天地间的万物，就好像马的头、马的脚、
马的毛……总合起来，才叫一匹马。离开了马的毛，
不是完整的马，离开了马的尾巴，也不是完整的马，
离开了马的任何一样，都不是完整的马。由众归到
一，由一散而为众。所以憨山大师的诗有"乾坤马
一毛"之句，整个宇宙是马身上的一根毛。就好像我

们现在文学中的"沧海之一粟",我们的人生,不过沧海里的一个小水泡一样,但虽然是小水泡,也是大海中的一分子。所以要我们"会万物于己者,其惟圣人乎",这是南北朝一个著名的年轻和尚僧肇说的。他只活了三十多岁就死了,但他的著作影响了中国几千年。他的名著《肇论》,融和了儒、佛、道三家。他这句话是真正的圣人境界,修养——不是理论——到物我同体。人与物是一个来源,一个本体,只是现象不同。好比在这间屋子里,我们都同样是人,但相同中又有不同。因为你是你的身体,你的样子,我是我的身体,我的样子。但是虽然各人不同,却又同是人类,"乾坤马一毛"就是这个道理。

——《论语别裁》

这两句话，是为政的基本修养

——不在其位，不谋其政

中国人说"天下兴亡，匹夫有责"，人人都应该关心。但是，有个原则，"不在其位，不谋其政"，他不在那个位置，不轻易谈那个位置上的事。

在我来说，认为知识分子少谈政治为妙。因为我们所谈，都是纸上谈兵。我们看到这六十年来，都是知识分子先在这一方面闹开了动乱的先声，很严重。尤其人老了，接触方面多了，发现学科学的更喜欢谈政治，如果将来由科学家专政，人类可能更要糟糕。因为政治要通才，而科学家的头脑是专的，容易犯

以偏概全的错误。

所以孔子这两句话，是为政的基本修养。表面上看来，好像帝王可以利用这两句话实行专制，要人少管闲事。事实上有道理在其中，因为自己不处在那个位置上，对那个位置上的事情，就没有体验，而且所知的资料也不够，不可能洞悉内情。因此，我们发现历史上许多大臣下来以后，不问政治。像南宋有名的大将韩世忠，因秦桧当权，把他的兵权取消以后，每天骑一匹驴子，在西湖喝酒游赏风景，绝口不谈国家大事，真如后人有两句名诗说："英雄到老皆皈佛，宿将还山不论兵。"这也就是"不在其位，不谋其政"道理的写照，孔子并不是说把政治交给当权者去做，我们大家根本不要管。

—— 《论语别裁》

什么才是真正的富强？
——愿天常生好人，愿人常做好事

周朝有一著名文献为《大赉》，就是周朝开始立国时候的重要思想（主义），它这个思想的中心是"善人是富"。什么是真正的富强？包括家庭的富强，个人的富强，都是善人，都是好人，各个是好人，没有坏人，这好人不是老实的老好人，是思想纯正，行为端正，一切都好的好人，"愿天常生好人，愿人常做好事"。这就是大富。至于"虽有周亲"，这个"周"代表了圆满，四周充满了的意思。就是说一个人有很多的群众，很多"盲目"的人跟着你。"不如

仁人"，不如有一个两个有眼光的人，有仁义道德的人。人很容易犯一个毛病，喜欢在矮子里当高人，不喜欢到高人里当矮子，到了高人中间，处处不对，成天只有听话的份，看看谁都比自己行，这个味道很难受。可是从人生中体验到，有成千上万的"盲人"跟你走，一点都不稀奇，只怕有一个明眼人对你说："你走错了！"这就完了。

——《论语别裁》

我不敢说跑遍天下，但是在中国去过的地方不少，有一块岩壁上，看到不知是哪一位题的斗大的字——"愿天常生好人，愿人常做好事"，真是好！佛法什么法都讲完了。我觉得很多名胜古迹，好多文人题的字、作的诗，都是浪费工夫，都不如这位不知名人士题的字。

——《维摩诘的花雨满天》

透彻了人情世故的政治哲学思想
——风调雨顺，国泰民安，安居乐业

我曾讲过，世界上所有的政治思想归纳起来，最简单扼要的，不外中国的四个字——"安居乐业"。所有政治的理想、理论，都没超过这四个字的范围；都不外是使人如何能安居，如何能乐业。

同时我们在乡下也到处可以看到"风调雨顺，国泰民安"这八个字，现代一般人看来，是非常陈旧的老古董。可是古今中外历史上，如果能够真正达到这八个字的境界，对任何国家、任何民族、任何时代来

说，无论是什么政治理想都达到了。而这些老古董，就是透彻了人情世故所产生的政治哲学思想。

——《论语别裁》

人心为何总爱不满现实？

——兽怨其网，民怨其上

　　诸位都是中年人，我是老年人，而且我这个老年人，生活在中国历史上一个大变化的一百年里，大家不会懂的。像我这一生，出生时距离推翻清朝没有几年，接着五四运动，然后是北伐，都在变乱，童年在天下大乱的当中度过。刚刚成长又亲历第二次世界大战，日本人侵略中国，全体老百姓都在灾难中。接着八年抗战，说是八年，前后加上十几年，那真是家破人亡，这个国家民族支离破碎。刚刚结束抗战，我们国家内部又发生内战。此后我几十年避世远行，

漂流在外，这样一搞，我一生的时光就没有了，报销了。所以我说我这九十多年是生于忧患，死于忧患，没有一天安定过。

诸位不同呀，出生到现在最多也不超过六十岁，大部分三十多岁，生长在一个社会安定的时代。我常常说，不要忘记哦，因为诸位不大懂历史，我们从小注意历史，几千年来，中华民族从来没有像这二三十年这样生活安定的，你们的运气最好。

大家也许还是感觉乱，对时代还是不满。但是我可以告诉诸位，任何一个国家，任何一个社会，没有哪个老百姓对于自己的时代是满意的，人类社会永远是这样。中国有两句古文，就是儒家的孔孟之道，也是道家的道理，叫作"兽怨其网，民怨其上"。我常常告诉做官的人，搞政治要小心啊，要懂得中国文化，古人告诉你"兽怨其网"，你看养的鸟、养的狗，动物园里头的动物，多好的优待，它舒服吗？不舒服。鸟养在笼子里有吃的，但失去了自由，动物关在动物园里，并不比在森林里头舒服，鱼给人家养起

来准备杀的，鸡给人家养起来也是准备杀的，它们心里不舒服的，"兽怨其网"，埋怨有个网把它圈住了，丧失了生活的自由，而且生命没有保障。"民怨其上"，这个民就是人民，现代白话就是老百姓、一般人，都埋怨他上面的人。譬如孩子们，女儿也好，儿子也好，都埋怨父母，因为父母爱他，爱他就会管他，他不自由。老百姓呢，对上面的任何一个政府，任何一个政治制度，任何一个官吏，永远都是埋怨的，因为这是人性的问题。

——《廿一世纪初的前言后语》

老子反对忠臣孝子吗？

——六亲不和有孝慈，国家昏乱有忠臣

老子说："六亲不和有孝慈，国家昏乱有忠臣。"在表面上误解了这两句话，好像老子是反对孝、反对忠的。其实不是这个意思。他是说一个不和的问题家庭中，有几个孩子，其中一个最乖的，于是人们便说这个儿子才是孝子，拼命地标榜他，而忘记了基本上"家庭不和"这个问题。一个家庭如果不出问题，个个都是孝子，何必特别标榜一个孝子？所以要六亲不和的时候，才看得出孩子的孝或父母的慈。至于"国家昏乱有忠臣"也是同样的道理。文天祥在

宋朝亡国了，才表现出他的忠贞，假使宋代不到亡国的时候，就看不出文天祥对国家有如此尽忠，虽然文天祥仍是忠心耿耿，但是没有那种成仁的表现机会。因此我们对历史、对国家，并不希望常常有文天祥那样的情形出现，而希望国家能长治久安。所以用白话来说老子这两句话，加上一个"才"字，成为"六亲不和才有孝子，国家昏乱才有忠臣"，那么就可以知道老子并不是反对忠、孝了。假如在一个团体中，我们说某某人是好人，那么其他都是坏人了吗？希望全体都是好人，无所谓谁好谁坏，这就最好。

——《论语别裁》

什么才是真正的仁慈？

——慈不将兵，义不掌财

"夫慈，以战则胜，以守则固，天将救之，以慈卫之。"他这句话指出慈悲的重要。我们晓得中国文化的所谓三家，在秦汉以前的三家为儒家、道家、墨家；唐宋以后的三家则为佛、道、儒。不管中国文化如何说，在老子作此书时，佛教尚未传来中国，佛教是在《老子》这本书问世后数百年才传入中国的。但远在老子时代，已先提出慈悲观念的重要。后来佛家传入中国，一面与老庄思想，一面与孔孟思想，好像强力胶一样粘牢在一起了。主要的原因是太多观念相同，自

然就构成了东方文化的"大器"。"慈悲"是佛家最重要的基本，可是，真正开始讲的是老子。老子说，唯有真正的慈悲，战争才不会打败仗，都是打胜仗的。

假使我们没有好好研究军事哲学，没有好好研究兵法，对于老子所说的慈悲会打胜仗这句话，一定觉得奇怪。中国人有两句老话，"慈不将兵，义不掌财"，慈悲的人不可以带兵，慷慨的人不能掌握财政，因为他的口袋很松，看到有人可怜，就把钱拿去做好事了。

但是，老子为什么却说"夫慈以战则胜"呢？这要深入研究军事哲学了，更要深通兵法，才会晓得兵家这一种思想的崇高伟大与重要。中国的军事哲学思想，除了老子还有后面的孙子。孙子可说是中国的第一位军事思想家，世界各国的军事包括苏联的陆军大学，也都是非研究《孙子兵法》不可。

我们这个国家民族，上有老子、下有孙子，中间有"倪子"，倪子就是儿子，这都是全世界文化研究的题目。

一般学军事的人，很少提到"慈"，更少提到慈可以打胜仗；可是《孙子兵法》中则提到"仁"。中国文化"慈"与"仁"有时是同义字，只是两个名词的变化，由于时代不同，语言文字表达的不同罢了。大丈夫假如没有仁爱之心，没有爱天下人之心，不能为大将。至少在带领自己的部下时，如果没有仁慈之心，不能视部下如自己的子弟，那是无法打仗的。

中国历史上的战争，都推崇自己的子弟兵，所谓子弟兵，当然不都是自己的子弟，而是自己的部下，都视同自己的子弟一样。历史上项羽的八千子弟兵，都是项羽的家乡人，项羽对部下是仁慈的，只是脾气太暴躁而已。但是，乌江一战打败了，而他的八千子弟没有一个人投降。由此说明，项羽带领部下就很了不起了。那时的人口远比现在的少，而他能拥有八千子弟兵，实在是一个庞大的数字。而且这八千子弟，战败没有一个人投降，确实不是偶然。

又如田横的五百子弟兵，当领导人战死，则统统自杀，一个不留。这就说明带领部下如果不是真

仁慈，不是真做到如父母爱儿女一样的仁爱，是不
会有如此结果的。不但作战带兵是如此，就是领导
一个机构，领导一个工厂、一个公司，对部下也是
应该如此。

不过，仁慈并不是如带娃娃一样，下雨了赶快
把他抱起来，天热了赶快为他脱衣服。仁慈是真教
育，真爱护，对就是对，不对就是不对。所以能"以
战则胜，以守则固"，不作战处于防御时期时，则是
万众一心的坚固团结。

——《老子他说（初续合集）》